Indice

1 L'ascolto e la vita   **13**
   1.1 Il suono, la vita e l'attenzione psicologica 14
   1.2 Piccola storia dello studio dell'ascolto 16
       1.2.1 La conservazione del suono 17
   1.3 L'ascolto 21
   1.4 Identificazione delle sorgenti 26
       1.4.1 Il silenzio 26
       1.4.2 Il rumore 27
   1.5 Come ascoltiamo 29
       1.5.1 L'ascolto umano inizia dall'orecchio 29
       1.5.2 L'ascolto umano non è lineare 32
       1.5.3 L'ascolto umano è influenzato dall'orecchio esterno 34
       1.5.4 L'ascolto umano è sensibile alla fase. 35
       1.5.5 L'ascolto umano soffre le bande critiche 36
       1.5.6 L'ascolto umano è determinato dal mascheramento 38
       1.5.7 L'ascolto umano riscontra i battimenti 39
       1.5.8 L'ascolto umano è sensibile ai ritardi 39
       1.5.9 L'ascolto umano è sensibile al tempo di percezione. 40
       1.5.10 L'ascolto umano è sensibile allo spazio. 41
   1.6 Le misure soggettive 43

2 L'ascolto professionale   **46**
   2.1 Introduzione 47
       2.1.1 Udire (hearing) 47
       2.1.2 L'ascolto non lineare 48
       2.1.3 Ascoltare (listening) 49
       2.1.4 Distorsione 49
       2.1.5 Cambiamento dei livelli di volume 50
       2.1.6 Effetto mascheramento 51
       2.1.7 Tessitura 51
       2.1.8 Processori d'effetto 52

	2.1.9	Punti di riferimento	52
	2.1.10	La visualizzazione	53
	2.1.11	Il concetto di alta fedeltà	54
2.2	Terminologia dell'ascolto	55
	2.2.1	Il decibel	55
	2.2.2	Somma e sottrazione dei dB	56
	2.2.3	Livelli audio	58
	2.2.4	Livello di allineamento elettrico	58
	2.2.5	Livello di allineamento digitale	59
	2.2.6	Livello di allineamento acustico	60
	2.2.7	Misuratori di livello audio	61
	2.2.8	Volume	63
	2.2.9	Livello di pressione sonora (SPL, Sound Pressure Level)	63
	2.2.10	Loudness	63
	2.2.11	Livello (level)	64
	2.2.12	Gain o guadagno	64
	2.2.13	Fattore di cresta	64
	2.2.14	Rapporto segnale rumore (s/n ratio)	65
	2.2.15	Osservazioni sul livello	66
2.3	La dinamica	67
2.4	L'impedenza nell'ascolto	68
2.5	L'ascolto e l'acustica architettonica	70
2.6	Gli altoparlanti	74

3 L'ascolto avanzato — 78

3.1	Come nasce una produzione sonora		79
3.2	Il concetto di sublime		80
3.3	Il concetto di natura del suono		80
3.4	Il suono come arte		82
3.5	Concetto di incorniciatura sonora		82
3.6	Considerazioni sulla visualizzazione del suono		84
3.7	Lo stile di un'opera sonora		89
3.8	Lo spazio e la prospettiva sonora		91
3.9	Il colore		94
3.10	La luce		96
3.11	La punteggiatura sonora		96
3.12	Suono e rumore		98
3.13	L'ascolto e la musica		100
3.14	Gli elementi fruitivi		111
	3.14.1	Comprensione delle liriche.	111
	3.14.2	Contenimento delle basi musicali	112

        3.14.3 Catarsi corale 112
        3.14.4 Trasporto 113
        3.14.5 Tappeto come basamento 114
        3.14.6 Riempitivi e abbellimenti 114
        3.14.7 Spazialità sull'asse orizzontale 115
        3.14.8 Ambienti artificiali 115
  3.15 Controllo delle dinamiche 118
  3.16 Effetti sonori 123
  3.17 L' equalizzazione 125
        3.17.1 Divisione delle frequenze 129
        3.17.2 Le regioni 130
        3.17.3 La voce 130
        3.17.4 Equalizzazione ying e yang 130
        3.17.5 La curva X 131
  3.18 Tecniche stereo 132
        3.18.1 I correlatori di fase 134
  3.19 Analisi d'ascolto 135
  3.20 L'ascolto dei suoni compressi 139
  3.21 Differenza tra analogico e digitale 146
  3.22 Polarità e cancellazione di fase 147
  3.23 Ascolto dei suoni radiotrasmessi 149
  3.24 Rumori di registrazione 151
  3.25 Caratteristiche avanzate 153
  3.26 Finalizzazione d'ascolto 157
  3.27 Gli aggettivi del suono 157

4 L'ascolto per un tecnico   **161**
  4.1   Introduzione 162
  4.2   L'ascolto per la registrazione musicale 163
  4.3   L'ascolto dal vivo 165
  4.4   L'ascolto radiotelevisivo 168
  4.5   L'ascolto cinematografico di ripresa 171
  4.6   La perdita dell'udito 175
  4.7   I "colpi" ossia la prontezza operativa 175
  4.8   L'uso della cuffia 176
  4.9   Target e Format 179
  4.10 Etica professionale 180
  4.11 Know how 181

L'ascolto professionale

"la verità non si impone se non in virtù di sè stessa"

Il buon ascolto è un'esclusiva attività psicologica, elegante, regale, completa e sublimale che trasporta la nostra consapevolezza ad elevati regimi di sensibilità

Nota dell'editore

La Società che rappresento, dopo diversi anni d'attività circoscritta al settore della registrazione del suono, ha esteso i suoi campi d'applicazione alla divulgazione didattica e all'aggiornamento per i tecnici del suono. Tante sono state le dispense, gli studi e i corsi di aggiornamento che il nostro personale ha accumulato negli anni. La fortuna di avere come collaboratori un numero invidiabile di professionisti e studiosi della tecnica del suono, ha fatto in modo di valutare la possibilità di concedere un'opportunità di pubblicazione dei loro lavori, a premio degli sforzi fatti nel tempo e ad ausilio per chi, nel settore professionale, ne sentiva la carenza. L'aggiornamento ed il perfezionamento tecnico sono indispensabili in una disciplina come questa, anche e soprattutto per far fronte alle scelte più complesse come quelle della conservazione degli archivi, e della registrazione di opere destinate alla commercializzazione per le quali il tecnico è investito di responsabilità spesso superiori alla sua reale formazione. Ultima, ma non di minore importanza, l'europeizzazione che introduce il rischio di posizionare su diversi gradi di competenza l'operatore in base alla sua nazionalità. Questa iniziativa è la dimostrazione di voler essere protagonisti in una disciplina che ci ha visto spesso rincorrere gli altri, nonostante la nostra tradizione intellettuale, e che la nostra produzione può essere parte integrante di una cultura Europea sinergica e destinata al progresso. Questo sarà il primo di diversi lavori che la Lambda si è proposta realizzare.

Edwin Robert Forrest

Presidente della Lambda s.r.l.

Ringraziamenti

E' doveroso ringraziare alcuni amici, colleghi e insegnanti, senza i quali non sarebbe stato possibile elaborare un testo come questo, dapprima per il bagaglio culturale che alcuni di loro hanno saputo trasmettermi negli anni di studio e lavoro, poi delle evoluzioni tecniche e professionali che insieme abbiamo avuto la fortuna di sperimentare. In particolare ai Professori Fernando Assumma, Alberto Colajacomo, Marco Mamberti, Luigi Giusti e Mons. Rodrigo Ewart. Ai colleghi Gianni Tredici, Christian Landone, Fabio Felici e Glauco Puletti e agli amici Carlo Dell'olmo, Paolo Fosso, Domenico Vitucci, Roberto Forrest, Mons. Stefano Tardani e a tutti gli studenti dell'Istituto di Stato Cine TV di Roma, primi destinatari e impavide cavie di questo lavoro. Un particolare ringraziamento va al Professor Luca De Nigro, filologo ed esperto ascoltatore per aver contribuito alla parte dell'ascolto digitale,

e al Dottor Simone Corelli, grande amico e autore di alcune appendici di questo testo

ed infine a mia moglie Andrea Susanna, vera ispiratrice, melomane e attenta ascoltatrice.

"Non c'è peggior sordo di chi non vuol sentire"
(Proverbio popolare romano)

Prefazione

L'inizio della conoscenza umana avviene per "accoppiamento" intellettivo fra suono e ascolto. E' la fase acusmatica dell'apprendimento, la fase in cui si suscita, in chi ascolta, l'intuizione conoscitiva dell'argomento: chi apprende "sente" e "vive" l'essenza del fenomeno. Solo successivamente si avverte la necessità di accertare se ciò che si è appreso è oggettivamente "vero" ed allora si passa ad analizzare matematicamente il fenomeno, schematizzandolo ed introducendo semplificazioni che, il più delle volte, non rispecchiano l'essenza del fenomeno stesso, ma che servono per poter proiettare ed applicare ciò che è stato appreso. E' la fase matematica dell'apprendimento, che trova la sua massima espressione nella fisica teorica. La conoscenza scientifica è l'insieme della conoscenza acusmatica e matematica. Nelle nostre scuole, la maggior parte delle volte, si insegna ciò che è sperimentale come se fosse teorico. L'autore, o il docente, spesso, non fanno entrare in risonanza il lettore, o il discente, con il fenomeno, ma si avvalgono di dimostrazioni matematiche, più o meno complicate, che inducono la sola capacità di manipolare le "formule", quasi a conferma del detto "quanto meno capiscono (gli ascoltatori) tanto più so", il famoso "latinorum" del medico di Petrolini. Questo è il primo libro che tratta vari argomenti e le relative problematiche inerenti il suono, con una chiarezza tale da rendere "visibili" ai lettori i fenomeni acustici, senza nulla togliere al rigore scientifico. Inoltre, come vecchio docente di Gilberto Martinelli, sono veramente lieto di constatare come egli non abbia rispettato la massima di Leonardo da Vinci "...stolto lo discepolo che non supera lo suo maestro...".

Prof. Ing. Fernando Assumma

Guida alla lettura

Questo lavoro è stato pensato, elaborato e corretto tra le mura dell'Istituto di Stato per la cinematografia e la televisione "Roberto Rossellini" di Roma. Un nuovo supporto didattico nato insieme all'introduzione di una nuova disciplina nel complesso delle materie professionali di tecnica del suono. Accompagna un corso come quello di "Educazione all'ascolto", e dopo tre anni, e numerosi capovolgimenti di indici, ne deriva una stampa definitiva. Questo libro insegna a leggere il suono per poi saperlo scrivere. L' esperienza dell'autore e dei collaboratori ha suscitato un bisogno di trasmettere le conoscenze acquisite in una forma metodologica e concettuale adatta ai giovani che si accostano con serietà a questa affascinante professione. Alcune cose, si dice, non si possono insegnare, a meno che non si voglia con presunzione provarci, questo è il movente del seguente lavoro, sperando che il lettore, munito di volontà ed apertura, si allinei nella procedura intellettuale che risulta essere l'unica direttiva pretesa dall'autore. Gli elementi necessari per la giusta interpretazione del testo, e quindi per la migliore assimilazione, possono essere riassunti nell'interdisciplinarità, nell'attenzione ad ogni singolo vocabolo, ed al ragionamento. Le basi analitiche per il completamento del testo sono state offerte da uomini, alcuni di loro direttamente impiegati nell'esercizio dell'ascolto: come ingegneri del suono, ascoltatori attenti, orchestrali, gente media, operai ecc. Di ugual importanza sono le testimonianze rilasciate da altre categorie professionali come ad esempio, medici, piloti e finanche telefonisti. L'acquisizione di riflessioni altrui scoraggia per tempi e difficoltà alla costruzione del progetto, ma esse stesse hanno gettato le fondamenta di un edificio di difficile teorizzazione con una grande componente di variabili che fa dell'ascolto una pratica unica e soggettiva dipendente da fattori socio-emotivi. Sia questa tesi, quindi, strumento di lavoro per chiunque voglia ricavare, insieme al relatore, elementi di utilità interdisciplinare che, vista la complessità dell'argomento, rende sperimentale il tutto con una minima percentuale di rischio oggettivo.

Introduzione

Il suono come cultura

Un monaco di gran saggezza diceva: "La mente si chiama mente perché mente". Si capisce esercitandosi in un'attività come quella dell'ascolto che non si vincola al rigore della tecnica, essa n'è spunto di ragionamento, ne è utilità per la catalogazione dei fenomeni, ed è necessaria affinché un'analisi non sia dubbia e priva di metodo. La nostra mente piuttosto si rende scientifica, il che vuol dire che ha pretesa dimostrativa, ma solo dopo l'aver adottato un metodo ci si può avvicinare ad un bivio in cui si riconosce la tecnica come ausilio per ottenere risultati che avranno poi un riscontro emozionale.

"Tutti i pensieri sono già pensati, occorre solo tentare di ripensarli" diceva Goethe. Per far questo serve un metodo.

Se c'è un termine utilizzato con più accezioni in campo pedagogico e di conseguenza didattico è proprio quello di *"metodo"*. Per non ingenerare fraintendimenti è bene fare un chiarimento terminologico.

1. Alcuni intendono il metodo come l'utilizzo di una serie di tecniche e strumenti di comunicazione, esempio le dinamiche di gruppo, il linguaggio, le immagini ecc.

2. Altri lo intendono come una sequenza di interventi operativi per il raggiungimento dell'obiettivo finale.

3. Altri ancora come un modello di rigorosa logica pedagogica sperimentata in cui è prevista la figura di colui che insegna e un'assemblea che apprende lasciando poco spazio alle dinamiche di ritorno.

4. Altri, infine, lo considerano come un processo globale del programma in cui si identificano i bisogni, si determinano gradualmente gli obiettivi, e si applicano delle verifiche.

Affrontare la disciplina dell'ascolto richiama in misure diverse a tutte queste interpretazioni, ma soprattutto si attende una verifica.

Il nostro singolare metodo parte dal nulla, ma anche dal tutto, tradotto significa che possiamo rivolgerci alla nostra analisi sia dalla parte del silenzio che da quella di un suono già esistente. Il silenzio viene perturbato da suoni desiderati o meno; un buon tecnico del suono, oltre a saper riconoscere questa modificazione dello stato di quiete è bene che riconosca almeno quello che non risulta essere essenziale all'ascolto. E' come dire che la sua grande qualità sia basata, non appena riconosciuti tali fenomeni, sulla ricerca dell'essenzialità sia in fase di ascolto, che in quella di creazione. A questo punto egli dovrà essere effettivamente uno scultore, che sa riconoscere nel monolite di marmo una figura intrappolata che va liberata attraverso l'esclusione del marmo superfluo. Sapere quindi dove si voglia arrivare è un esercizio intellettuale per il quale è richiesta una tecnica non raggiungibile con la sola forza dell'empirica. Di suono se ne produce tanto, dal rumore alla musica e principalmente ad uso del linguaggio. Il suono si usa appunto per comunicare, da esso se ne differenziano le lingue. E' infatti grazie all'udito che si è potuto sviluppare il linguaggio. Ma il suono non è solo nella cultura: è anche esso stesso cultura, un'adesione alle possibilità umane esaltandone le potenzialità. Essere attenti al suono è anche essere sensibili alla totalità del mondo e allo sviluppo antropologico culturale; infatti un buon ascoltatore sa di dover prestare attenzione a molti dettagli che nella vita spesso sfuggono, ma che fanno della nostra esistenza una sublimale partecipazione nel creato.

Figura 1: Le discipline e la natura acustica

Un fenomeno complesso

Il suono è un fenomeno complesso; ogni buon manuale di acustica dimostrerà come dal momento della sua generazione fino all'ascolto finale siano molteplici i fattori che lo modificano e lo rendono piuttosto eterogeneo. I tentativi scientifici per ottimizzare l'ascolto non possono ancora considerarsi soddisfacenti, ma ciò, che mette in crisi gran parte degli studiosi, è motivo di interesse per chi, come un buon ascoltatore, ha imparato più a valorizzare le imperfezioni che la risoluzione matematica. Il suono ha una natura complessa e soprattutto difficile da qualificare. La "semplice" analisi dello spettro di frequenza, del livello di pressione sonora, dei rapporti numerici tra fondamentali di due o più suoni eccetera non sono mai facilmente correlabili con le relative sensazioni di timbro, loudness, armonia.... Ulteriore incredibile argomentazione, quella del "comma pitagorico" ossia la differenza tra gli intervalli, tra i toni e i semitoni, questione centralissima nello sviluppo della musica e nel suo legame con matematica e fisiologia, corrispondenza non facile. Pitagora aveva abilmente nascosto questa anomalia, questo apparente assurdo (e pensare che questo stesso termine deriva da "Absurdom" dal sordo, come chiamava Pitagora le cose irrazionali!), non trovandone una soluzione che poi puntualmente arrivò, con un grosso grado di approssimazione, con Aristosseno di Taranto. Per la cronaca, il segreto di Pitagora ebbe un traditore dal nome Ippaso di Metaponto, al quale venne costruita una tomba in vita, e attentato.

Pitagora di Samo (571 - 496 a.C.)

In conclusione, il suono nella storia ha creato non pochi problemi, ed è forse per questo che il suo sviluppo è stato leggermente ritardato rispetto ad altre discipline, ma è proprio questa sua caratteristica a renderlo più vicino all'umano, infatti, essendo la natura umana non rispondente in modo semplice o banale alle leggi fisiche, il suono contribuisce a stimolare ogni singolo soggetto fino a determinarne una serie sconfinata di comportamenti. Studiare il suono è l'essere consapevoli di una sua singolarità dovuta alle infinite condizioni che l'hanno determinato. Ed è per questo che il suono non sempre si definisce, ma si interpreta.

Capitolo 1
L'ascolto e la vita

1.1 Il suono, la vita e l'attenzione psicologica

La quotidianità della nostra vita, soprattutto per chi vive nelle grandi città, è, negli ultimi decenni, caratterizzata da criteri di velocizzazione e di moduli che, come ogni buon saggio di sociologia e psicologia sociale riportano, tende ad abbattere i livelli minimi di attenzione a favore dell'efficacia, a volte prepotente, di un messaggio da recapitare al cervello con qualunque degli stimoli possibili. Vale a dire che la sensazione provocata è spesso istintiva, poco ragionata, o ancor peggio non effettivamente goduta. Tutto questo comporta dapprima una perdita di sensibilità, subito poi effetti neurologici e psicologici non del tutto trascurabili, e non ultimo un processo di dipendenza che costringe il soggetto a reagire istintivamente a sempre più stimoli. Molti di questi segnali sono di tipo acustico, e la perdita di sensibilità ci induce alla ricerca di riempitivi e a stimoli sempre più irruenti o stereotipati per il rifiuto di concentrare la nostra attenzione a nuove forme e nuove caratteristiche delle sonorità percepite. A questo fattore di natura patologica va aggiunta l'educazione ed eventualmente il basso grado di cultura generale che non aiutano certo il soggetto all'approfondimento di ciò che percepisce. Per un tecnico del suono invece, la differenza risulta essere di grande fondamento, infatti ognuno di noi sente, e il sentire altro non è che l'attitudine a percepire dei suoni rimanendo nel terreno della fisiologia. Le operazioni di trasduzione del nostro sistema nervoso centrale sono ormai di quantità rilevante; in effetti l'interpretazione della segnaletica stradale, il tono continuo o spezzato di un ricevitore telefonico, le varie avvisaglie acustiche professionali, sottopongono il nostro sistema cognitivo ad un continuo lavoro. Nella gran parte dei casi non è più riconoscibile il primitivo processo di identificazione-trasduzione e codifica per via del tempo che si impiegherebbe a rendere il fenomeno a piena conoscenza. Nella maggior parte degli eventi quindi rimaniamo isolati in elogio alla velocità d'azione, che coinvolge il nostro sistema in un eccessivo e controproducente lavoro. In effetti la perdita di attenzione al mondo sonoro ha modificato i primordiali comportamenti che normalmente nella fisiologia umana avevano priorità. Oggi, ne deriva un'insaziabile ricerca di fenomeni artificialmente costruiti, svalutando gli aspetti originari. In altre parole, lo studio dell'ascolto in relazione ai comportamenti umani non può prescindere dai condizionamenti culturali legati a questa epoca e al contesto sociale di appartenenza. Questi fattori ne determinano anche delle esigenze, e le condizioni vanno a ripetersi nella ricerca di soddisfazioni sensoriali, spesso non arbitrariamente educate. La musica, le sorgenti naturali di suono, o quanto di più fastidioso possa impiegare il nostro ascolto, troverebbero una comune classificazione nell'essere considerate; eppure la differenza tra una produzione musicale, e un rumore di frullatore non è mai stata degna di valutazione se non per aspetti fisici orientati nel campo delle misure. L'introduzione del Mel, del Sone, del Phon, di varie curve di pesatura e di quanto di più soggettivo possa ricondurre ad una scala di misura, dimostra l'esigenza di razionalizzare, seppur a volte in forma approssimata, la capacità sensoriale umana, influenzata da un'enorme quantità di parametri interagenti. L'altro strumento che alimenta l'attenzione verso l'argomento è la versatilità del sistema uditivo, e la sua interazione con gli altri sensi umani. Facile dire, a questo punto, che discipline come l'auxologia (studio dell'evoluzione fisica), la psicologia, o la neurologia per esempio, rimangono chiuse a loro stesse adoperando un gergo non facilmente miscelabile a quello fisico, ma sarebbe troppo ingenuo. Opportuno invece è considerare a gran valore il contributo offerto dai teorici e sperimentatori di queste discipline. Disfunzioni come l'amusia o l'afasia sono state in parte risolte grazie all'interscambio della sapienza prodigata nelle varie discipline.

Figura 1.1: 'L'urlo'(1893) di Edward Munch

1.2 Piccola storia dello studio dell'ascolto

Nella giovane storia della cultura umana lo studio dell'ascolto non ha mai avuto un'attenzione prioritaria, si era piuttosto legati ad alcune teorie di origine Platonica, con il pathos al centro di tutti i sensi, vere e proprie spie dell'anima, e residenti nel fegato, oppure a limitati tentativi di autopsie a fini di conoscenza con tanto di trattazione anatomica. Lo fece Ippocrate col *De carnibus* e Aristotele con *l'aer innatus*, ne conseguì progressi il Galeno (129-201 d.C.) con rudimentali trattati di istologia. E' l'incubazione dell'illuminismo ad incrementare come un vortice le attenzioni alle scoperte scientifiche, e di conseguenza allo studio del corpo umano attraverso la dissezione che vede nell'orecchio le attenzioni di Andrea Vesalio (1514-64) *De humani corporis fabrica libri septem*, Giovanni Ingrassia (1510-80), suo allievo, che scoprì la staffa, Gabriele Falloppio (1523-62) che scoprì il timpano e tutto l'orecchio interno, dandone i nomi ancora in uso, e poi Realdo Colombo (1516-59) nel settimo dei suoi *De re anatomica libri* ed anche Costanzo Varolio (1543-75) nei suoi *Anatomiae...* L'olandese Volcher Colter (1534-1600) scrisse il primo trattato dedicato esclusivamente all'apparato uditivo, il *De auditus instrumento*. Bartolomeo Eustachio (1500/1510?-74) fu uno dei più grandi otologi di tutti i tempi: studiò, fra l'altro, la tuba che porta il suo nome. Giulio Casserio (1561-1616) trattò l'embriologia dell'orecchio *De vocis auditusque organis historia anatomica*. In Francia Guichard-Joseph Duverney (1648-1730) con il suo *Traité de l'organe de l'ouie, contenant la structure, les usages et les maladies de l'oreille* (1683). Più tardi Domenico Cotugno (1736-1822) pubblica *De aquaeductibus auris humanae internae anatomica dissertatio*, contrastando le ormai obsolete teorie aristoteliche, e Antonio Scarpa (1752-1832) con *Disquisitiones anatomicae de auditu et olfactu*, diedero una svolta agli studi della modernità come quelli dell'istologia. Così Alfonso Corti (1822-76) con *Recherches sur l'organe de l'ouie des mammifères* scoprì addirittura un nuovo organo, grazie al microscopio, che prese proprio il suo nome. Le sue scoperte furono completate da Ernst Reissner (1824-78), nel *De auris internae formatione*, che fece strada a H. von Helmholtz (1821-74) il quale elaborò la sua teoria della risonanza *Trattato delle sensazioni sonore* come fondamento fisiologico della teoria musicale, che con W. Rutherford raggiunse le attuali perfezioni con il contributo straordinario di Georg von Békésy che nel periodo bellico rese insuperate le ricerche sul sistema anatomico uditivo.

L'ascolto, in se stesso, è stato però studiato da antichi architetti, ingegneri e musici, oltre che da anatomisti, filosofi e maghi, ma bisogna specificare che dal XV secolo in poi l'ascolto, inteso come attenzione ai suoni gradevoli e sensazionali, è stato di esclusiva competenza dei compositori musicali.

Figura 1.2: H. von Helmholtz (1821-1894)

Questa strana differenziazione è stata naturalmente indirizzata dall' "uso" sociale che si faceva del suono, strettamente legato alla nuova e fiorente produzione musicale, e, nonostante tutto ciò abbia permesso uno sviluppo intellettuale ed evolutivo riguardo all'educazione all'ascolto, ha contribuito anche a "tarare" i parametri stessi dell' ascolto portando la comune attenzione sonora, per antonomasia legata alla sola musica. Saranno invece questi ultimi cento anni a diversificare le due discipline rivedendo completamente sia le nomenclature che i parametri che le definiscono.

1.2.1 La conservazione del suono

Gli ultimi anni del XIX secolo catapultarono nella pubblica conoscenza, una quantità rilevante di aggiornamenti scientifici, scoperte e tecnologie da indurre tanti studiosi ad applicarsi con impegno verso studi e sperimentazioni attinenti alla tendenza del conservare. Catalizzatore del fatto fu anche la vasta eco prodotta dai positivisti europei, e dai realisti, specialmente nel campo della pittura. Il contributo offerto da Constable, Monet, Delacroix e tanti altri fu quello di evidenziare l'esigenza di rappresentare la realtà, conservandola. Il desiderio è remoto. L'evoluzione umana e sociale è ricca di tentativi di rappresentare la realtà in forma diretta, e non solo narrata, attraverso affreschi, pitture e sculture. L'arte visuale quindi, si vede fedelmente riprodotta con l'avvento della tecnica fotografica. I prototipi di Talbot e di Daguerre diedero inizio alla conservazione dell'immagine reale istantanea. Qualche decennio dopo i Lumière realizzavano la "Kinema-Grapik", la cinematografia, o scrittura in movimento (1895).

Figura 1.3: Thomas-Alva Edison (1847-1931)

La stessa esigenza alimentava gli studi sulla conservazione del suono. Ad assemblare con destrezza i piccoli passi eseguiti da illustre menti fu A.T. Edison che nel 1877 inventò un fonografo cilindrico. L'apparecchio convertiva le piccolissime vibrazioni dell'aria provocate dal suono, in tracce su un foglio di alluminio avvolto su di un cilindro. Inutile al nostro studio descrivere tecnicamente e cronologicamente le evoluzioni nel campo della conservazione del suono, è pur tuttavia descritta nella figura di seguito rappresentata delle evoluzioni principali per percorrere le tappe fondamentali segnate nella ultracentenaria storia.

La rapida evoluzione è soprattutto dovuta all'applicazione militare che, all'inizio del secolo, interessata a nuove tecniche di intercettazione, favorì il settore di importanti progressi. Tuttora l'industria bellica sperimenta sistemi di conservazione economici, sicuri e poco ingombranti. E' ancora l'industria militare ad aver inoltre permesso la trasmissione di segnali audiovisivi, prima via etere e poi via satellite, controllandone ancora il traffico. Il lavoro dei ricercatori, così come le direttive delle aziende che ne sponsorizzano la ricerca, sono mirate alla conservazione del suono su stato solido, eliminando così ogni supporto legato a meccanismi di trasporto e a forme di logorio che ne limitano la durata a meno di 100 anni.

Un'ultima considerazione di carattere politico va fatta in merito alla cultura della conservazione. L'Italia è uno dei paesi che meglio si predispose alla conservazione del suono, sia per ragioni storiche che artistiche, ma anche per ragioni di archivistica statale. Ne è un esempio la discoteca di Stato di Roma e tutti gli archivi etnofonici conservati nelle varie fondazioni, università e soprattutto l'archivio Vaticano. Questa cultura del conservare sembra non essere più di moda visto che nell'ultimo decennio sono stati tagliati pian piano gli originali fondi destinati a tale pratica. Quello che i Benedettini fecero nel corso dei secoli con quanto c'era di scritto e pensato nella civiltà occidentale e oltre, non vede un referente contemporaneo se non nella sterminata archivistica privata di radio e televisioni, sperando che almeno quelle nazionali rimangano di proprietà comune. Una Nazione civile non lascia che la sua storia si perda per sempre.

Figura 1.4: Storia della conservazione del suono

La galassia dei supporti di registrazione oggi è ormai di esclusivo dominio digitale e per buona parte trattasi di segnali compressi. Nella tabella riportata sono elencati tutti i tipi di supporto in cui è stato conservato il suono; ne sono anche indicati i limiti di riproduzione e le più frequenti caratteristiche di usura che solitamente si presentano.

	Supporto	Diverse tipologie	Range di frequenza	Dinamica	Caratteristiche
MECCANICO	Disco in vinile	78 giri	20-3000 Hz	18 dB	Si incrostano i solchi, si deforma il disco, e leggendolo si degradano i microsolchi per le alte frequenze
	Disco in vinile	33 e 45 giri	30-15000 Hz	65 dB	Idem
MAGNETICO	Nastro magnetico	Vari pollici, Vhs, Betacam, U-matic, compact cassette.	20-18000 Hz	75-90 dB	Dipende dall'emulsione che negli anni tende a staccarsi dal supporto e a
	R-dat e S-dat	Rotary head digital audio tape recorder o	20-20000 Hz	95 dB	Perdita dell'emulsione prevista dopo 20 anni
	NT-dat	Non tracking	10-14500 Hz	80 dB	Anche se più affidabile ha gli stessi difetti
	Dcc	Digital compact cassette	20-20000 Hz	95 dB	Idem
	Minidisk		20-18000 Hz	85 dB	Idem
	DAT		20-20000 Hz	90 dB	Idem
	Hard disk	Diversi tipi	Nessun limite intrinseco	Nessun limite intrinseco	Dopo diversi anni (circa 20) tende a perdere l'emulsione
OTTICO	Ottico cinematografico	Area o densità variabile	20-16000 Hz	75 dB	Perdite di aree fotografiche rilevanti dopo tanti passaggi.
	Compact disc		20-20000 Hz	90 dB	Si prevede una vita di 40 anni prima che i solchi perdano il loro angolo di riflessione
	DVD-audio	Diversi tipi	0-96000 Hz	144 dB	Idem
	SACD	Super audio CD	20-20000 Hz	90 dB	Idem

Figura 1.5: Supporti di registrazione sonora

1.3 L'ascolto

David Hume, filosofo Britannico del '700, nel suo *Trattato della natura umana*, nel primo libro sull'intelligenza descrive come le percezioni della mente si distinguono in due parti: le **impressioni** e le **idee**. Le percezioni violente le definisce impressioni, che danno origine a passioni, emozioni e sensazioni così come appaiono per la prima volta alla nostra anima. Le idee, invece, sono le immagini evanescenti delle impressioni sia nel pensare che nel ragionare che trasformano un'impressione in una consapevolezza effettivamente goduta, e che prevede una volontaria azione intellettuale.

Figura 1.6: David Hume (1711-1776)

Da questa distinzione nasce una struttura di grande consistenza per la cultura contemporanea, tendente di solito alla netta separazione tra umanista e tecnico. In realtà questa distinzione non esiste, e non esiste neppure una vera differenza tra una sensazione passiva o partecipata, esiste invece uno stimolo sovradimensionato, ed un altro adeguato alle capacità del soggetto. Infatti, il suono è sempre lo stesso, e non c'è un modo per udirlo ed uno per ascoltarlo, ce n'è piuttosto uno unico, che risulta essere adeguato a quel solo soggetto. E' come dire che il mare ondeggia indipendentemente dall'imbarcazione che lo sta attraversando. Chiarito questo, possiamo convenzionalmente riconoscere che udire è un fatto fisico, ascoltare è un'azione intellettuale ed emotiva.

L'ascolto può essere:

1. **Attivo:** E' un ascolto volontario e finalizzato alla comprensione

2. **Passivo:** E' l'invasione dei suoni non desiderati, e quindi non elaborati, ma assorbiti con sofferenza o con apatia.

3. **Selettivo:** E' un ascolto in cui volontariamente si isola una sorgente di interesse.

4. **Riflessivo:** Riguarda il soggetto intenzionato a comprendere quel che sente, si entra quindi nel territorio dell'ascolto produttivo ed intellettuale.

5. **Analitico:** E' un ascolto tecnico e valuta ogni componente del suono prodotto per interpretarne le sorgenti, gli ambienti e tutto quello che interviene alla sua originale natura. E' un ascolto competente, che oltre ad essere esercizio per musicisti e tecnici del suono, trova un folto numero di ascoltatori musicali di alto livello.

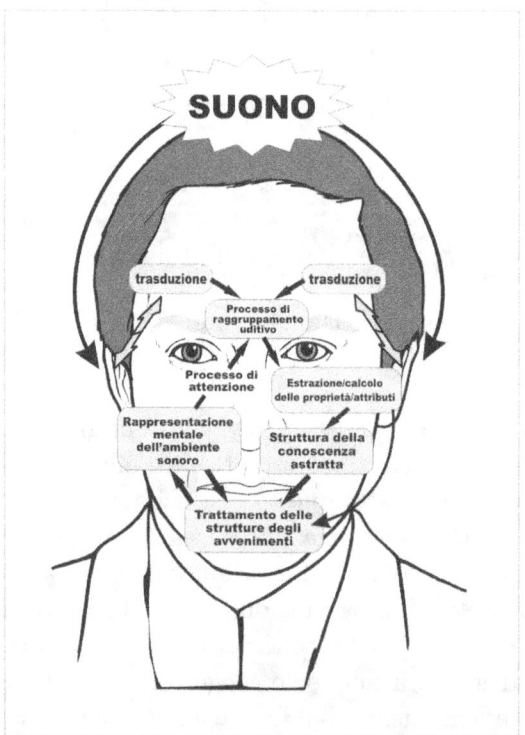

Figura 1.7: Processi psicologici legati all'ascolto

> Altri metodi di analisi usano scomporre l'ascolto in tre stadi che citiamo per completezza:
>
> - *Ascolto indicale:* Consiste nel condurre un evento sonoro alla sua causa
> - *Ascolto Simbolico:* Ascolto che rimanda ad un codice, come il linguaggio
> - *Ascolto Iconico:* Ascolto critico per cercare di dare un significato ai suoni.

Il buon ascoltatore si riconosce nell'ascolto attivo e riflessivo, anche se nella vita comune ci si esercita a tutte le modalità in base alle necessità e i contesti quotidiani. L'ascolto analitico invece richiede competenze, se non prettamente professionali perlomeno motivate. Un buon ascoltatore di musica classica, ad esempio, può considerarsi un ottimo rappresentante dell'ascolto riflessivo, ma anche un partecipante ad un convegno scientifico e così via, in quanto essi ricercano un buon ascolto per comprenderne il messaggio.

L'ascolto analitico invece esamina con accuratezza il suono nei suoi dettagli costitutivi, nella sua integrità e soprattutto in relazione al messaggio trasportato. A questo punto intervengono condizionamenti psicologici intrinseci alla natura umana e allo sviluppo antropologico ed evolutivo del soggetto. Questi processi, che modificano la comprensione di un messaggio sonoro, vengono chiamati **filtri**. Hanno una determinazione risultante da combinazioni **occasionali**, oppure **permanenti**. I primi sono riguardanti l'umore, lo stato di salute, di stanchezza eccetera, che caratterizzano la predisposizione del soggetto alla comprensione. I secondi sono consustanziali alla condizione etnica, religiosa e culturale dell'ascoltatore, predisponendone modelli di aspettative incredibilmente variabili tra soggetto e soggetto.

L'ascoltatore, inoltre, si imbatte in **ostacoli** di tipo esterno che oltre ad ostruire fisicamente l'ascolto, inducono ad un lavoro psicologico molto spesso stressante. Due sono i tipi principali di ostacoli esterni:

1. Il **rapporto suono-immagine** è biunivoco e in talune forme di comunicazione addirittura complementare. Non vedere la provenienza della sorgente è una limitazione alla lettura del suono, ed è questo il motivo per il quale nella produzione musicale si adopera spesso l'analogia pittorica per tentare di visualizzare il suono che virtualmente si tende a disegnare.

2. **Rumore e movimento** possono costituire seri ostacoli per l'ascolto attivo nonostante la capacità di discriminazione selettiva dell'orecchio anche basata sulla provenienza spaziale (effetto cocktail

party). Il rumore infastidisce, diremo quasi per definizione.

Gli ostacoli mentali, così come i filtri emotivi, sono di natura interiore. Essi tuttavia, a differenza dei filtri emotivi, non selezionano né alterano l'input che si riceve: semplicemente bloccano parzialmente o completamente le capacità di riceverlo distraendo dal messaggio. La capacità di controllo degli ostacoli emotivi dipende dalla padronanza che si ha della propria mente e delle proprie emozioni.

La maggior parte delle polemiche potrebbero essere evitate se le persone coinvolte utilizzassero l'ascolto attivo e riflessivo. Questo piccolo canone di psicologia ordinaria abilita il tecnico del suono a confrontarsi con i presupposti utili per avviare un ascolto privo di inquinamenti e condizionamenti. Pur tuttavia, ognuno di noi nella propria individualità esercita un giudizio critico che apporterà nuovi spunti di riflessione per l'analisi di un ascolto. Tutto ciò sarà evidenziato nella fase creativa, in cui un buon tecnico del suono potrà introdurre autonomamente le coordinate per un ascolto limpido e intelligente, ma di controparte ha lo stesso potenziale di rischio nel presentare, o per ignoranza o per incompetenza tecnica, un prodotto che renderà difficile l'esercizio delle funzioni appena descritte.

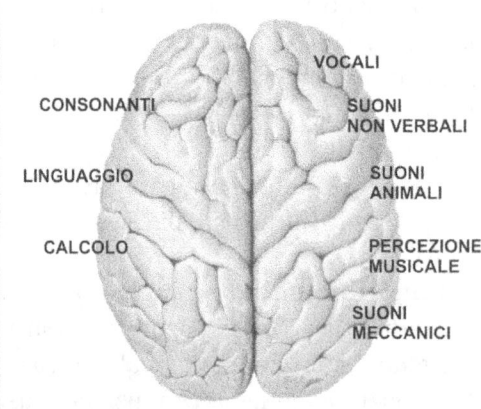

Figura 1.8: Le funzioni sonore di un comune cervello di uomo occidentale.

Possiamo a questo punto enunciare che la sinergia tra la capacità di ascolto (Elemento connotativo) e la competenza tecnica (Elemento denotativo) fa di un fonico un ingegnere del suono, al quale è possibile delegare un prodotto istruttivo e creativo.

APPENDICE: L'ascolto nella cultura classica

L'Inizio biblico è dettato da un suono, l'irruzione del silenzio, del vuoto è suono; la celebrazione di uno sterminato silenzio squarciato da un imperativo possente "*jehì or... wajjehì ' or*" (sia la luce.... e la luce fu). Parole forse indecifrabili, ecco che ci si avvicina affidandoci alla Creazione di Haydn con la sua prodigiosa generazione di un celestiale e solare Do maggiore dal caos di una modulazione infinita. O evocare la sfida di Wagner, di Holst e di Schoemberg, ossessionati dall'idea di cogliere in battute il risveglio dell'universo. O inseguire lo sforzo di conquista della sonorità cosmica da parte della Sagra della primavera di Stravinskij, dove le sette note della scala, avvinghiate nell'accordo di tutti gli accordi possibili, percuotono dal cielo la terra per ridestarne l'impulso vitale e popolarne di vita la superficie. O creare la lacerazione dei suoni di Licht, l'opera cosmologica in sette parti di Stockhausen. Mentre la genesi di Battiato sembrerebbe suggerirci una comparazione tra fedi diverse. Per la Bibbia la creazione è sostanzialmente un evento sonoro: è la voce divina a dar origine all'essere. Anche nella cultura indiana il Prajapati, "il signore delle creature", fa sbocciare l'essere da una cellula sonora che dilagherà negli spazi infiniti per riaggregarsi poi nei canti dei fedeli.

La parola è da subito decisiva, e lo è soprattutto per un popolo come Israele, che ha optato per il silenzio delle immagini: "non ti farai idolo né immagine alcuna di ciò che è lassù in cielo né di ciò che è quaggiù in terra né di ciò che è nelle acque sottoterra" imporrà il Decalogo (Es 20,4). La civiltà greca tramanda in forma esclusiva ogni possibile allocuzione ed ognuna delle gesta eroiche dei personaggi mitologici attraverso il canto. Molti dei letterati sostengono che Omero vada ascoltato più che letto, e che, come ad esempio nell' Iliade, l'Epicedio (canto funebre) è l'essenza spirituale delle cronache avvenute, così come il treno, altro tipo di canto funebre, che caratterizza l'opera di Licinio Calvo, Catullo, Orazio, Virgilio, Propezio, Ovidio, Marziale. Famose sono le vicende di Eco, Ninfa che faceva parte del seguito di Era, si dice fosse eccessivamente loquace nel raccontare gli amori di Zeus. Era quindi la privò della parola, permettendole solo di ripetere l'ultima parte delle domande che le venivano poste dai suoi interlocutori. Si innamorò di Narciso, ma non ne fu corrisposta, perciò si consumò dal dolore, finché fu mutata in rupe, continuando però a conservare la voce. O anche la mitologia di Pan, Dio dei pascoli che amava la Ninfa Siringa che per fuggire si tramuta in giunco, quindi trasformata da Pan in strumento musicale a sette canne che usava per gareggiare con altri dei: la forza del suono annienta. Il suono è minaccia, come nei corni e nelle trombe Romane, è annuncio, è gloria. Prima di divenire musica il suono è il verdetto dell'Oracolo, la voce di Dio che arriva col vento, è il ricordo del sogno veggente, ed è anche la lettura della natura e del passaggio umano, magari straniero. Il suono è segnale, avviso, è amore solo modulando una singola frase. Tutto questo le civiltà antiche lo sapevano, anzi, avevano una migliore attitudine ad ascoltare, si imparava ad ascoltare come si imparava a vivere, e nel silenzio si tornava spesso a se stessi. Quel che noi ora chiameremo ameno, è quel silenzio che per i nostri antenati era il sacrario individuale, una forma liturgica per conservare se stessi.

Aristotele, che divideva l'assemblea alle sue lezioni in matematici e acusmatici, osava dire che gli acusmatici sanno che, e i matematici sanno perché, o meglio i primi sanno per aver udito, i secondi per aver capito. L'ascolto, quindi , non è fine a se stesso, è un mezzo per la comprensione, un veicolo per la cultura, un passaporto per la saggezza.

1.4 Identificazione delle sorgenti

La nostra attenzione, rivolta a riconoscere quali e quanti suoni siamo costretti a valutare, inizia dal riconoscimento del silenzio: in esso sono già presenti i suoni delle nostre funzioni vitali e da lì si parte per riconoscere cosa lo perturba fin dalle lievissime intensità. C'è una diversa valutazione tra i suoni continui e quelli impulsivi o discontinui, ad esempio vivere immersi in un rumore di fondo costante, provocato da frigoriferi piuttosto che da condizionatori, motori di vario genere ecc. è quanto di più dannoso ci possa essere per l'apprezzamento dei suoni e per il nostro sistema nervoso che reagirà fino ad innalzare la soglia di attenzione a livelli decisamente elevati. Il traffico veicolare ad esempio stanca, rende insensibili, distratti e desiderosi di un silenzio che una volta trovato si trasforma nell'essere un'estenuante attesa di altri eventi rumorosi che non lascino il nostro cervello solo a confrontarsi con se stesso. Ma che tipo di suono è quello che circonda la nostra vita quotidiana? E' fisicamente della stessa natura di tutti gli altri suoni, ed è conveniente all'uomo prenderli in considerazione. In effetti all'uomo è conveniente tutto quello che è nelle sue possibilità, e il sentire è nelle sue possibilità; l'ascoltare invece è quell'azione intellettuale che innalza le possibilità dell'uomo in progresso e rende a lui conveniente valutare solo alcuni suoni, specie se legati ad un messaggio. Un tecnico del suono non dovrebbe ritenere conveniente solo quel suono che trasporta un messaggio, ma dev'essere capace di analizzare tutti i suoni singoli o complessi, che vengono naturalmente o artificialmente generati e resi desiderabili o meno. Iniziamo col fare una prima classificazione :

Il suono è naturale quando è generato da una sorgente non creata dall'uomo. Ne sono un esempio il corpo umano, la voce, il vento, il fuoco, il verso di un animale, un tuono, il mare, una cascata.

Il suono è artificiale ogni qualvolta si generi da un artefatto umano (come gli strumenti musicali, gli avvisatori acustici, le sirene, gli altoparlanti), ma anche dalla involontarietà di produrlo a seguito di una costruzione indispensabile per altri usi (come i motori, le pompe, i macchinari eccetera).

Gli strumenti musicali, quindi, sono delle sorgenti artificiali, pur sfruttando proprietà prettamente naturali e soprattutto nel tentativo di imitare la gradevolezza dei suoni della natura stessa.

1.4.1 Il silenzio

L'etimologia latina del termine identifica il silenzio come il tacere, riferito al linguaggio, ma nella lingua moderna ha assunto un significato esteso alla totalità dei suoni. E' già, quindi, un termine imperfetto alla nascita, e si addice perfettamente allo stato reale delle cose. Il silenzio è assenza di suono. E' quindi assai raro, almeno sul nostro pianeta. Oserei dire che il silenzio è un viaggio che direziona verso se stessi, quindi una ricerca, con vari livelli di aspettativa. Anche soli con se stessi non è consentito il silenzio: le nostre funzioni vitali si fanno sentire. Molte volte il silenzio è imposto, o perlomeno richiesto, come nei luoghi sacri, nei luoghi di riunione o in ospedali, e molte volte invece è necessario per noi stessi. Un fisico direbbe che una perturbazione, anche se compresa tra i 20 Hz e i 20 KHz, al di sotto dei 20 micropascal è considerato silenzio. Il silenzio per un tecnico del suono, è il fondamento su cui è poggiata l'intera produzione sonora; egli inizia proprio da esso per capire quanto gli elementi che lo rendono impossibile arrechino danno a quel che vogliamo ottenere. Riconoscere il silenzio è un esercizio di obbligata concentrazione e, contrariamente a quanto si possa pensare, ossia che il silenzio è un nemico del tecnico del suono, esso abilita la prospettiva progettuale per la creazione del prodotto suono, riferendo così delle aspettative che più avanti avranno spiegazione in concetti come dinamiche, incorniciature, eccetera. Ottimo esercizio, infine, quello di presiedere in luoghi deputati al silenzio, e catalogare con attenzione di cosa è composto quel che prima avremmo chiamato senza dubbio silenzio.

1.4.2 Il rumore

Per molto tempo la definizione del rumore non ha trovato particolare rigore scientifico e veniva indicato come tutte quelle sonorità sentite come sgradevoli. E' chiaro che una definizione così riduttiva non può non considerare il contesto dovuto ai suoi condizionamenti estetici, culturali, stilistici, soggettivi o finanche tecnici intesi come virtuosismi e complessi artifici per poterli creare. Il primo tentativo di definire il rumore con maggior rigidità scientifica è stato fatto da Helmoltz, il quale considerava il rumore come un insieme di suoni non periodici, dal suono non propriamente musicale, di altezza indeterminata. Ma tutto questo è ancora insufficiente visto che nella produzione musicale del '900 sono stati catalogati suoni che prima erano considerati come rumori, così la definizione di Helmontz passa dall'essere rumore ad essere suono inarmonico. Un esempio che lascia intuire la diversa considerazione del rumore, è quello degli appassionati di motori, i quali classificano la qualità di una moto piuttosto che di un'auto anche rispetto al rombante rumore che produce. Oggi il rumore, nella sua considerazione umana, rimane come un suono non desiderato, mentre nella fisica è semplicemente un suono o una quantità di suoni senza uno spettro ben definito, e senza le caratteristiche necessarie che identificano la musica, come le altezze determinate, le melodie eccetera. Questo non esclude che nella musica possano essere contenuti rumori, sia inseriti volontariamente a scopi estetici o espressivi, sia provocati involontariamente dall'inefficienza di alcuni strumenti o semplicemente per difetti di registrazione. E' interessante conoscere come il rumore venga considerato in elettroacustica, ossia come la risultante di una differenza tra il suono in uscita e quello in entrata di qualsiasi processore, qualora scorrelato al segnale utile, ossia indipendente da esso (se correlato è distorsione). Questa particolare distinzione tra la definizione fisica e quella soggettiva è la prima di tante che il lettore troverà, fino ad abituarsi a mettere in dubbio parecchi dei suoi vecchi assiomi, per via dei contrasti evidenti. Una particolare trattazione del rumore è stata svolta a fini giuridici per via dell'inquinamento acustico per salvaguardare la qualità di vita dell'individuo. La moderna legge quadro sull'inquinamento acustico definisce il rumore come un qualsiasi suono che in ambienti stabiliti supera un certo livello per una certa durata. La tabella che segue riporta i valori stabiliti dalla legge oltre i quali un rumore diventa disturbo.

Classe		Limite diurno dB(A)	Limite notturno dB(A)
I	Aree particolarmente protette	50	40
II	Aree prevalentemente residenziali	55	45
III	Aree di tipo misto	60	50
IV	Aree di intensa attività umana	65	55
V	Aree prevalentemente industriali	70	60
VI	Aree esclusivamente industriali	70	70

Figura 1.9: Valori assoluti di zonizzazione acustica

1.5 Come ascoltiamo

Prima di analizzare cosa ascoltiamo, è bene vedere come ascoltiamo, ossia come la nostra struttura fisica e cerebrale ci metta in condizione di percepire suoni. Molti sono i trattati di fisiologia umana che descrivono alla perfezione l'anatomia dell'apparato uditivo. Ora ci occupiamo solamente del modo in cui il sistema uditivo interpreta il suono. Questa disciplina è chiamata **psicoacustica** e mette in relazione le grandezze acustiche oggettive, a valori ottenuti mediante il sondaggio soggettivo, psicologico e fisiologico.

1.5.1 L'ascolto umano inizia dall'orecchio

Ma come si comporta il nostro orecchio nel presentarci i suoni? La natura ha voluto provvedere anche a questo, ossia ha fatto in modo che al nostro sistema di trasduzione arrivasse un'informazione sonora già filtrata da delicatissime e stupefacenti strutture meccaniche.

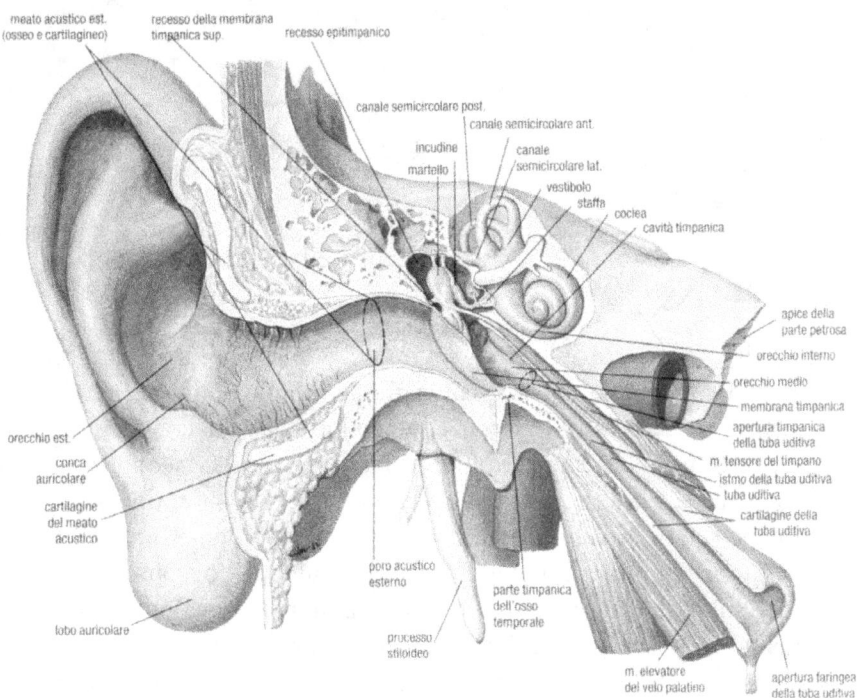

Figura 1.10: Anatomia dell'orecchio

Il nostro orecchio è composto da tre parti:

- *Orecchio esterno:* Corrisponde alla parte visibile di tutto l'apparato, che influenza non poco l'aspetto estetico di un soggetto. Trattasi di un particolare convogliatore meccanico che focalizza parte delle onde acustiche verso la cavità interna contribuendo alla percezione di due fondamentali aspetti della comprensione sonora, la localizzazione spaziale e l'enfatizzazione di alcune frequenze.

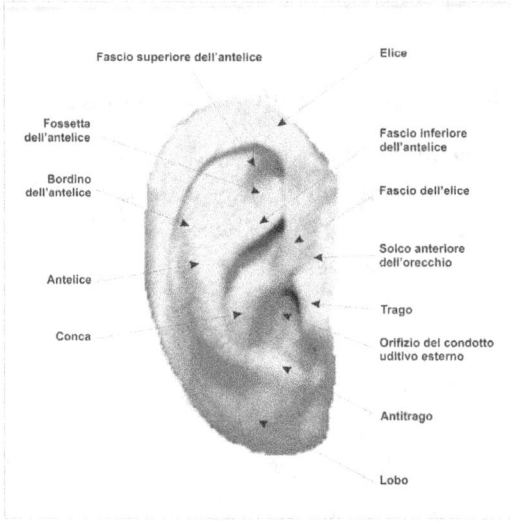

Figura 1.11: Il padiglione dell'orecchio

La riflessione multipla sulla cavità del padiglione, irregolare ma incredibilmente geometrica, convoglia le piccole onde, per lo più corrispondenti alle alte frequenze, verso l'interno del condotto uditivo creando una sorta di amplificazione intorno alle frequenze comprese tra i 2,5 e i 3 KHz, probabilmente non a caso importanti per il riconoscimento delle grida di un neonato e in generale utili per la comprensione del linguaggio specie su alcune consonanti. L'altro fondamentale lavoro che svolge il padiglione in particolare, è quello della localizzazione, ossia del riconoscimento della provenienza del suono, svolto appunto attraverso il convogliamento delle onde sul fuoco del foro del canale in modo da poter cogliere la direzione verticale di provenienza dei suoni.

- *Orecchio medio:* E' la parte dell'orecchio che trasmette l'energia meccanica dal mezzo gassoso (l'aria circostante) al mezzo liquido:

avviene per via del timpano e di un sistema di ossicini che trasmettono la pressione dell'onda all'orecchio interno con un incredibile sistema di adattamento di impedenza, riducendo le ampiezze ricevute a favore della loro forza, inoltre si comporta da interprete per le frequenze più basse, di estesa lunghezza d'onda, portandole a proporzioni meccaniche adeguate. L'ultima importante funzione è quella di proteggere l'apparato dalle forti pressioni, corrispondenti ad alti volumi, irrigidendo la muscolatura che vincola i movimenti degli ossicini chiamati staffa, incudine e martello. Qui l'orecchio si comporta da compressore, e se ne può rilevare l'effetto ascoltando con attenzione ad alti volumi di suono.

- *Orecchio interno:* E' caratterizzato da un delicatissimo sistema idraulico composto di migliaia di minuscole ciglia, circa 25.000, che vengono pettinate dal flusso del liquido messo in movimento dalla spinta della finestra ovale. L'incredibile progettazione naturale sta nel fatto che una bassa frequenza, quindi con una maggior potenza, tende a raggiungere la parte terminale di una conchiglia (in latino coclea, da cui il nome scientifico) sensibilizzando le ciglia più grandi. Cosa contraria avviene per le alte frequenze, mettendo in movimento le prime e sottilissime ciglia. Questo delicato meccanismo è messo in pericolo dalla possibilità di addensamento delle ciglia che potrebbero provocare l'insensibilità alle frequenze più alte, provocando un ascolto detto sordo. Questo effetto potrebbe anche essere temporaneo dopo una lunga esposizione a volumi eccessivi.

La costituzione di queste tre parti dell'intero apparato produce delle importanti anomalie nella regolarità dell'ascolto: va detto infatti che il suono così come è nella realtà non potremmo mai conoscerlo, e, riprendendo un concetto già espresso in precedenza, ogni uomo ha facoltà diversa nel praticare l'ascolto, e questo già a partire dalle cause meccaniche della trasduzione.

1.5.2 L'ascolto umano non è lineare

Wilhelm Weber (1800-1882):
"Uno stimolo deve essere aumentato di una frazione costante del suo valore perché la differenza cominci a diventare percepibile."

Gustav-Theodor Fechner (1801-1887):
"Ogni qualvolta si raddoppia la potenza del suono la sensazione di intensità aumenta di una quantità costante."

Herman-Von Helmhotz (1821-1894):
"Alla presenza di un suono puro, l'altezza tonale e l'intensità soggettiva sono legati variando l'una in funzione dell'altra, così come tra le frequenze stesse, il rapporto di 2:1 corrisponde all'intervallo musicale di un'ottava."

Questi enunciati potrebbero essere sufficienti a descrivere la non linearità dell'orecchio, ma vanno invece corredati da altri piccoli fattori che contribuiscono a valorizzarli.

Immaginiamo di stare in una stanza buia; appena accendiamo una lampadina la nostra percezione cambia sensibilmente, lo stesso avviene se dopo la prima ne accendiamo una seconda. Comincia ad essere un incremento di sensazione ridotto quando da dieci lampadine ne accendiamo un'undicesima.

Via via che il numero delle lampade accese aumenta dovranno essere molte di più le lampade da accendere per avere la prima iniziale sensazione e per notare la stessa differenza. Questo esperimento dimostra che la nostra sensazione umana non risponde linearmente agli stimoli. La nostra mente segue un ritmo, ordinato per convenzione da un operatore matematico chiamato **Logaritmo** (logos = mente e arithmos = numero) numero della mente, come volle chiamarlo Nepero. (si veda l'appendice) Questa caratteristica umana, fa sì che i due più importanti parametri del suono, ossia intensità e frequenza, rispondano esattamente

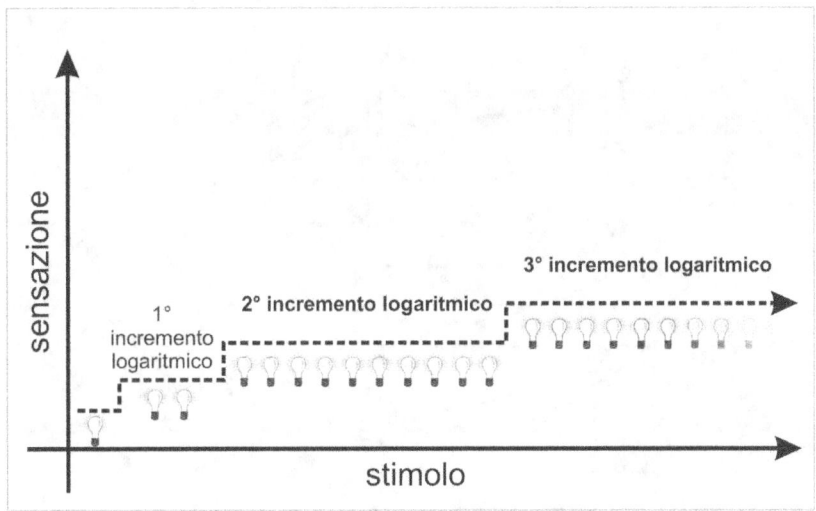

Figura 1.12: Il rapporto sensazione-stimolo

nella maniera sopra citata. Infatti in prossimità degli stimoli inferiori nella banda, gli incrementi percepibili sono ridotti, mentre con l'aumento dell'intensità e della frequenza verso gli estremi del campo udibile risultano di grande separazione prima che diventino rilevabili. Il campo udibile è compreso tra una pressione di 20 micropascal ed un massimo di 100 Pascal corrispondenti alla soglia di udibilità minima e quella del dolore, un frazionamento convenzionalmente stabilito tra 0 e 120 Phon. Questa pressione, deve prevedere un'oscillazione del mezzo radiante tra circa 20 e 20000 cicli al secondo (Hertz = Hz). Questa mutazione della risposta uditiva nel range delle possibilità umane è ben rappresentato dalla curva di indagine media elaborata da Fletcher e Munson e che viene comunemente denominata **grafico delle curve isofoniche**, cioè di uguale sensazione d'intensità alle varie frequenze. Il grafico riportato è completo e non necessita di ulteriori approfondimenti in relazione al nostro corso. Se pur da questa media sono nate tutte le unità di misura con lo scopo di avvicinare la sensazione umana al rigore scientifico, questi risultati sono soggetti a variazioni via via che gli studi si approfondiscono e che le possibilità tecnologiche avanzano.

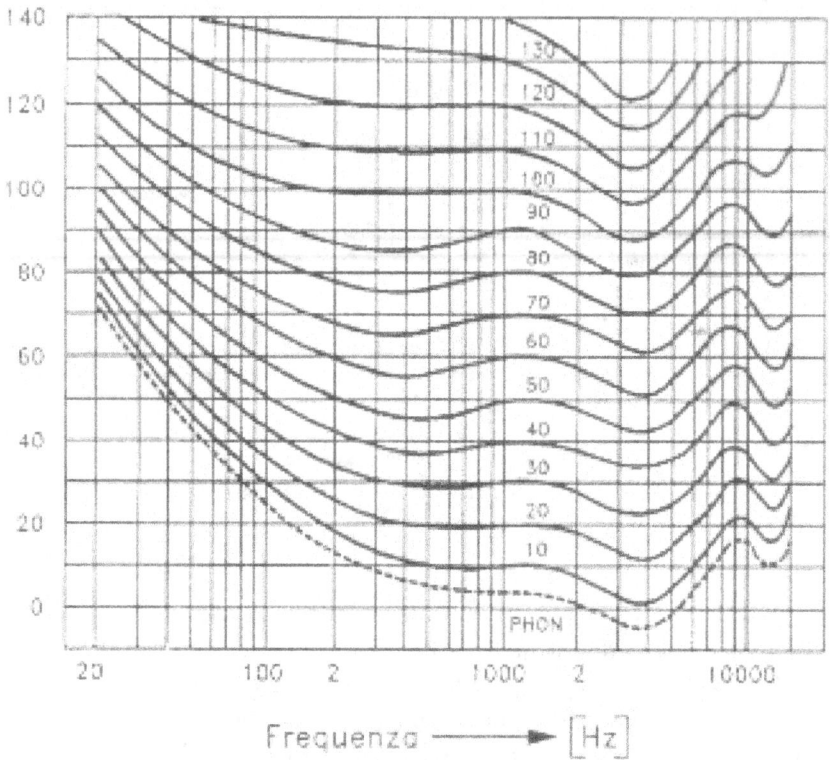

Figura 1.13: Le curve isofoniche

1.5.3 L'ascolto umano è influenzato dall'orecchio esterno

Il complesso apparato dell'orecchio esterno, contemporaneamente alle importanti funzioni che svolge per favorire l'ascolto, contribuisce però a deformare la curva di una già improbabile linearità d'ascolto. Questo avviene per via di riflessioni, assorbimento, diffusione, diffrazione, interferenza e risonanza. Gli esperimenti dicono che il livello di pressione sonora, misurato dentro il meato acustico a cinque millimetri dall'estremità aperta, varia al variare della frequenza, pur mantenendo costante il livello dello stimolo acustico alla sorgente. In particolare esso risulta praticamente inalterato fino a circa 1.500 Hz, viene attenuato di 10 dB a 10 kHz, e così via, come mostra il grafico. L'influenza del padiglione auricolare, è particolarmente rilevante per le frequenze medio-alte, enfatizzando le componenti di frequenza attorno ai 2500 Hz.

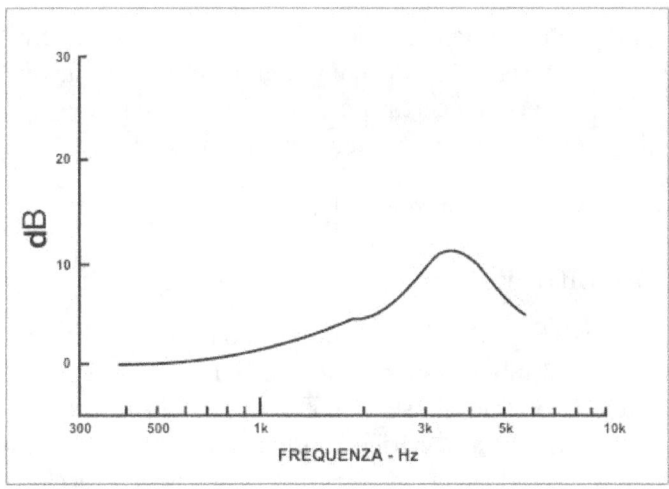

Figura 1.14: Risposta ottenuta dopo il condotto uditivo

1.5.4 L'ascolto umano è sensibile alla fase.

La stessa non linearità dell'orecchio produce controfasi già monoauralmente: quel che arriva al timpano è una complicatissima risultante di onde ribaltate di fase, di modificazioni ottenute dal viaggio nel condotto uditivo e di onde ritardate quindi in maniera diversa a seconda della proveninenza. Possiamo dichiarare, da esperimenti fatti da Schroeder, che il nostro orecchio è sordo ai microsfasamenti, presenti sulle frequenze più alte, mentre comincia ad essere sensibile a sfasamenti relativi a frequenze più basse.

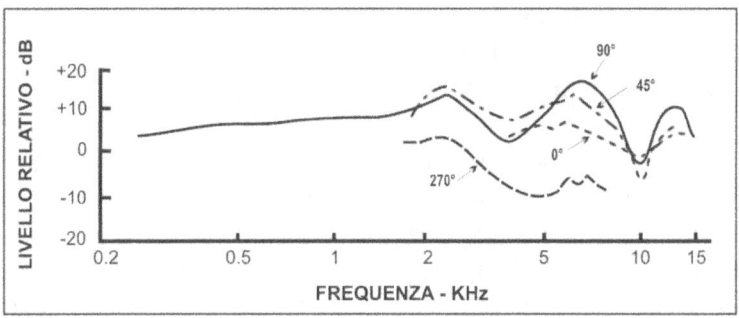

Figura 1.15: Risultanze medie di sfasamenti monoaurali

Per quanto riguarda invece la lettura degli sfasamenti in forma binaurale, dovuta a differenti percorsi del suono diretto e di quello riverberato prima di giungere alle due orecchie, è il metodo (unita alla valutazione della differenza d'intensità) con cui l'uomo percepisce la direzionalità sul piano orizzontale. Una certa precarietà di queste teorie è dovuta alla difficoltà di poter effettuare una misurazione oggettiva.

1500 Hertz = banda di transizione alla lunghezza d'onda della testa di 18 cm

1.5.5 L'ascolto umano soffre le bande critiche

Misurare il comportamento della membrana basilare e delle ciglia è molto complicato. Nonostante questo gli effetti che da essi dipendono sono sensibili, causando anomalie di ascolto. E' importante introdurre a questo punto il concetto di "Banda critica": si tratta di una porzione della banda udibile che si estende al crescere della frequenza. L'orecchio, come già illustrato, non è lineare nel sensibilizzarsi alle intensità, ma dipende dalle frequenze, e ne risulta interdipendente. Questo suo comportamento si complica quando riceve due o più suoni di differente frequenza. Prendendo ora il caso di due suoni, ognuno di essi preso singolarmente risponde a soglie di sensibilizzazione diverse; considerandoli invece in azione contemporanea la somma delle loro intensità produce risultati psicoacustici diversi in funzione dell'ampiezza di ognuno di essi e dell'intervallo di frequenza che li separa. La banda critica è proprio questo spazio che separa le due frequenze, e quindi la somma dell'intensità soggettiva delle frequenze contenute in essa. Per necessità sperimentali, le Bande critiche sono state divise in 24 nell'intera banda udibile, ed hanno diversa larghezza. Se l'intervallo fra i due toni è superiore ad una determinata banda critica la sensazione sonora istantanea è pari alla somma delle sensazioni che si avrebbero separatamente da ognuna di esse. Se invece l'intervallo di frequenza scende al disotto di quella determinata banda critica, l'intensità della sensazione sonora risulta inferiore alla somma ed il risultato sarà pronosticabile applicando la legge di potenza di Stevens (prettamente scientifica e non utile al nostro corso). La larghezza della banda critica cambia col cambiare della frequenza. Riguarda quindi un irregolare riconoscimento delle intensità che il nostro orecchio è portato a sommare. Bisogna inoltre onorare i nuovi studi, come quelli fatti da A.Tomatisse e J.Hirsh che teorizzano sull'utilità delle bande critiche per la difesa del sistema uditivo, nonché l'adattamento ai suoni della natura. Se due suoni hanno una differenza di frequenza maggiore della larghezza di banda critica vengono percepiti come consonanti, ma se invece la differenza delle loro frequenze è minore della larghezza di banda critica (o, come si dice, ricadono nella stessa banda critica), provocano una sensazione di dissonanza.

Capitolo 1. L'ascolto e la vita

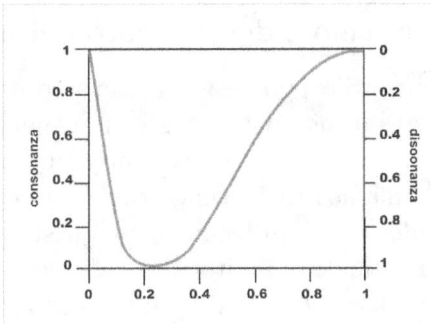

Figura 1.16: Consonanza e dissonanza in base alle bande critiche.

Da questo grafico, possiamo notare come due suoni, con frequenza diversa, siano tra loro dissonanti o consonanti in base alla loro distanza, specificando che la consonanza è possibile solo quando sono all'unisono o all'estremità della banda critica.

Banda critica No.	Frequenza Centrale	Larghezza della banda classica (Hz)	%	Equivalenza della banda rettangolare (ERB), Hz
1	50	100	200	33
2	150	100	67	43
3	250	100	40	52
4	350	100	29	62
5	450	110	24	72
6	570	120	21	84
7	700	140	20	97
8	840	150	18	111
9	1000	160	16	130
10	1170	190	16	150
11	1370	210	15	170
12	1600	240	15	200
13	1850	280	15	220
14	2150	320	15	260
15	2500	380	15	300
16	2900	450	16	350
17	3400	550	16	420
18	4000	700	18	500
19	4800	900	19	620
20	5800	1100	19	780
21	7000	1300	19	990
22	8500	1800	21	1300
23	10500	2500	24	1700
24	13500	3500	26	2400

Figura 1.17: Divisioni delle bande critiche

1.5.6 L'ascolto umano è determinato dal mascheramento

L'ascolto di un suono utile può essere disturbato o impedito quando sopraggiunge nello stesso momento un secondo suono, o diversi di essi. Tralasciando la sua natura, esso è comunque una fonte di disturbo. Questa interferenza sulla nostra concentrazione d'ascolto prende il nome di *mascheramento uditivo*. E' un fenomeno, e questo non è nuovo, piuttosto complesso, per il quale ci limiteremo a dire che in presenza di un rumore mascherante le soglie di udibilità di un suono mascherato variano dipendentemente da alcuni fattori, come altezza, intensità, relazione tra i due e il mondo sonoro circostante.

Questa variazione, corrispondente ad un incremento, dipende dalla seguente equazione: **M = Lm -Lo** dove Lm è il livello della soglia in presenza del suono mascherante, ed Lo è il livello della soglia in assenza di esso. La risultante è chiamata Soglia mascherata.

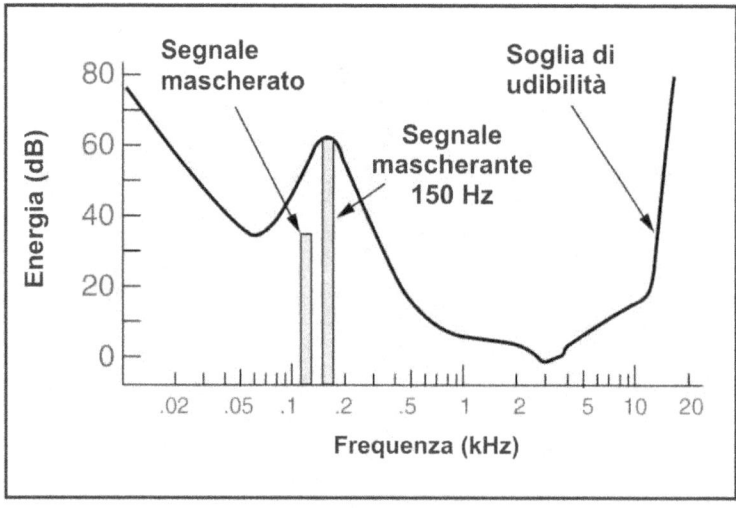

Figura 1.18: Grafico del mascherameno

Il fenomeno del mascheramento fisiologico è determinato da numerose variabili che confermano l'aver a che fare con una disciplina complessa; dalla sua analisi è stato possibile sviluppare algoritmi matematici per creare gli attuali sistemi di compressione del suono come l'A-TRAC e l' M-PEG basati appunto sulla psicoacustica del mascheramento, arrivando fino a compressioni di 10:1 con cali di qualità davvero minimi.

I suoi effetti sull'ascolto, possono invece riassumersi in tre caratteristiche particolari:

1. Il mascheramento è più evidente se la frequenza del suono mascherato è maggiore del mascherante

2. Il mascheramento aumenta con l'aumentare del livello del mascherante.

3. L'effetto di mascheramento è tanto più grande quanto più mascherante e mascherato sono vicine in frequenza.

1.5.7 L'ascolto umano riscontra i battimenti

In presenza di due suoni, con una ristretta differenza di frequenza, si avverte una modulazione oscillante di frequenza pari alla differenza tra le due. Nel caso di suoni molto deboli il fenomeno dei battimenti tende a sparire appena le due frequenze si distanziano di pochi cicli, nei suoni forti, invece, il battimento si avverte tanto distintamente che risulta essere un effettivo terzo suono che per quanto sia provocato da una risultanza acustica, è classificato come un fenomeno di mediazione uditiva del nostro orecchio, causa la relazione tra il lavoro delle ciglia e il riconoscimento delle bande critiche.

1.5.8 L'ascolto umano è sensibile ai ritardi

Dal nome dello studioso Haas, si enuncia che le onde riflesse in un ambiente, che giungano a noi dopo almeno 30 ms (millisecondi) di ritardo dal suono diretto, si avvertono come un'eco, ossia suono distinto; ovvero, un ritardo compreso tra i 15 e i 40 ms può produrre una perdita di direzionalità, la definizione si riacquista quando il ritardo sarà minore, o maggiore ma non ancora percepito come un'eco.

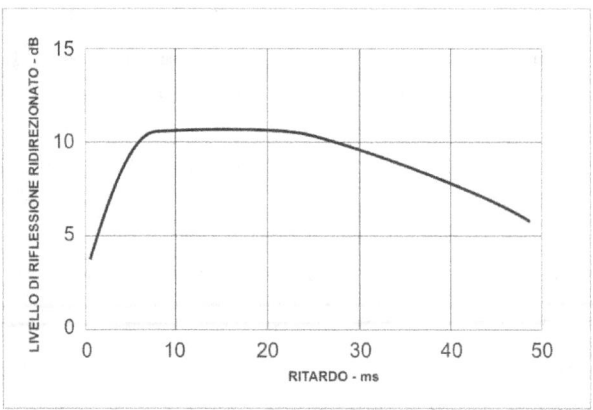

Figura 1.19: Effetto Haas

Le riflessioni del suono che ci giungano entro i 30 ms sono fuse nella percezione del nostro sistema uditivo insieme al suono diretto modificandone invece la timbrica.

1.5.9 L'ascolto umano è sensibile al tempo di percezione.

Il sistema uditivo è caratterizzato anche da una certa inerzia che si manifesta sia all'inizio (attacco) che alla fine (estinzione o rilascio) di un'eccitazione. La durata dei suoni influisce sulla valutazione dell'intensità e dell'altezza. Affinché un suono venga riconosciuto deve avere una durata minima che può essere tanto più breve quanto più alta è la sua intensità. Riducendo, però, la durata si riduce anche la sensazione di intensità. Affinché l'altezza del suono venga percepita è necessario che esso abbia, indipendentemente dalla sua frequenza, una durata minima di 10 ms. Al di sotto di questo valore la sensazione è quella di un impulso di rumore. È pure verificato che la sensazione di suono persiste per circa 150 ms anche dopo che l'eccitazione sonora è cessata. Inoltre si tende a sopravvalutare la durata dei suoni brevi e sottovalutare quella dei suoni lunghi. I risultati statistici affermano che l'udito umano non riscontra differenza di tempo di attacco se due stimoli arrivano all'orecchio entro 70 ms. Ciò accade a tutte le intensità di emissione delle sorgenti acustiche.

Teoria di Chion(1997)
Animazione: Orecchio più veloce dell'occhio.
Linearizzazione: Il suono sincrono impone un'idea di successione.
Vettorializzazione: Il suono genera un orientamento temporale e l'immagine viene vettorializzata dal suono.

In un suono sono definiti:

- **Attacco** (in inglese "attack"): in cui l'ampiezza gradualmente varia da zero al massimo;

- **Decadimento** ("decay"): in cui l'ampiezza diminuisce fino a un certo livello;

- **Costanza, sostegno** ("sustain"): in cui l'ampiezza si mantiene pressappoco costante;

- **Estinzione, rilascio** ("release"): in cui l'ampiezza gradualmente diminuisce fino a scomparire sotto la soglia di udibilità o risulta mascherata dal rumore di fondo.

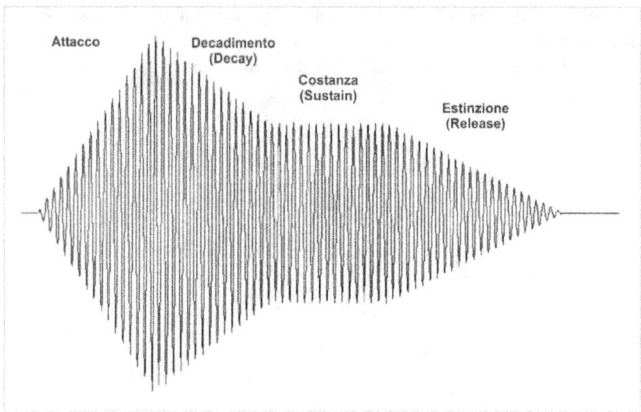

Figura 1.20: L'evoluzione di un suono

1.5.10 L'ascolto umano è sensibile allo spazio.

L'identificazione spaziale di una sorgente sonora prende il nome di stereofonia. La nostra anatomia, costituita da due trasduttori (le orecchie) permette di valutare la direzione di provenienza di un suono sul piano orizzontale sulla base di differenze timbriche e di intensità (la testa funge da filtro per l'orecchio in ombra), e di differenza di tempo d'arrivo (a regime statico si parla di differenza di fase). La direzionalità sul piano verticale è garantita dai microritardi introdotti dalla particolare forma del padiglione auricolare (pinna). La distanza è invece valutata sulla base delle esperienze del soggetto sul rapporto suono diretto/suono riverberato e, più facilmente della direzione, può essere oggetto di errore. L'intensità non pare influire sull'identificazione della provenienza dei suoni quando la lunghezza delle onde percepite comincia a superare la distanza fra le due orecchie, poiché riducendo gli effetti della differenza di fase, la capacità di riconoscimento spaziale diminuisce progressivamente fino alle basse frequenze dove diventa problematica (questo spiega in parte l'utilizzo di subwoofer singoli). Grande importanza hanno, nella stereofonia, i fenomeni di riflessione delle onde nell'ambiente e la capacità della testa di ruotare e muoversi per acquisire maggiori informazioni e stimare meglio la provenienza dei suoni.

> **La segregazione del suono, o teoria di Yost**, è una moderna teoria di ascolto che riguarda la localizzazione del suono da parte dell'orecchio; essa sostiene che il lavoro fatto dal nostro apparato uditivo sia in grado di riconoscere i connotati originali di una sorgente anche dall'unica, complessa onda risultante che ha raggiunto l'orecchio. Questo processo avverrebbe identificando gli attacchi, le armonizzazioni e la localizzazione. Molti dubbi sono stati espressi sulla validità di questa tesi, pur tuttavia alcune dimostrazioni hanno confermato elementi della sua validità. Inimmaginabile, e solo ipotizzato il modo in cui il sistema d'ascolto possa fare questo processo.

1.6 Le misure soggettive

- **PHON**: Unità di misura soggettiva ed è uguale al livello di pressione acustica in dB sopra i 20 Micropascal in condizioni ottimali a mille Hertz.

- **SON**: Corrisponde a $S = 2^{\frac{(P-40)}{10}}$ dove P è il livello di intensità soggettiva in Phone S l'intensità in Son, 1 Sone corrisponde quindi a 40 Phon.

- **PndB**: Unità di livello di rumore percepito, è uguale al livello sonoro sopra i 20 micropascal calcolato sui terzi di ottava.

- **noy**: Unità di rumorosità definita da $N = 2^{\frac{(L-40)}{10}}$, dove L è il livello di PndB ed N la rumorosità in livello di rumore percepito di 40 PndB.

- **EAD**: (Equivalent acoustic distance) è la massima distanza utile per la comprensione di un dialogo, ossia la distanza massima tra oratore e ascoltatore senza amplificazione

- **Alcons**: Secondo parametri anglosassoni, è il livello di comprensione di un parlato di lingua inglese. Mette in relazione il suono diretto con il decadimento delle prime riflessioni, è molto usato negli Stati Uniti dai consulenti di acustica.

- **Mel**: Unità soggettiva divisa in parti (da 32 a 4000 parti), si usa per determinare l'altezza soggettiva delle bande critiche, dove ognuna di esse è circa 100 Mel.

- **Bark**: Unità di misura dell'altezza soggettiva e corrisponde a 100 Mel, la banda audio, composta da 24 bande critiche corrisponde esattamente a 24 Bark, infatti essa è legata alla frequenza M centrale.

- **AI**: E' il primo tentativo nella storia di misurare l'intellegiblità di un parlato messo a punto dai Laboratori Bell nel 1940. Consiste nel dividere in 20 bande l'intero range di frequenza e valutare quanto di ognuna di esse contribuisce all'intellegibltà. Ne è nata una tabella utile che negli anni è stata sempre più perfezionata.

- **RASTI**: (Rapid Speech Transmission Index), messo a punto dalla Brüel and Kjaer è un metodo aggiornato dell' STI (Speech Transmission Index) e in contrasto con esso. Misura due bande, 500 e 2000 Hz, modulate su un parlato per riscontrarne gli effetti sull'intellegibilità.

- **STI**: (Speech Transmission Index) E' un sistema elaborato in america e standardizzato dalla ANSI per tentare di misurare l'intellegibilità basato su differenze di frequenze equalizzate con lo stesso parlato. La soggettività è determinante, e per quanto sia uno standard, ha pur sempre un largo margine di approssimazione.

- **SII**: (Speech Intelligibility Index), è un sistema che mette in relazione l'intellegibilità con le bande critiche, è molto simile all' STI ma prevede diverse divisioni delle bande. Grafico delle soglie musica, parlato, ecc.

- **ITD**: (Interaural Time Difference) differenza interaurale di tempo.

- **IID**: (Interaural Intensity Difference) differenza interaurale di intensità.

- **HRTF**: (Head Related Transfert Function) è un fattore di comportamento dell'ascolto in base alla testa e a tutte le modificazioni delle caratteristiche del suono per sua causa.

- **DTF**: (Directionally transfert function) consiste in un coefficiente ricavato da una serie di componenti e relativi calcoli per determinare la spazialità del suono.

> **Teoria 'Duplex' di L.Raleigh**, mette in relazione con una serie complessa di calcoli l'ITD e l'IID considerando anche l'effetto precedenza per determinare i parametri di ascolto e lo studio della localizzazione.

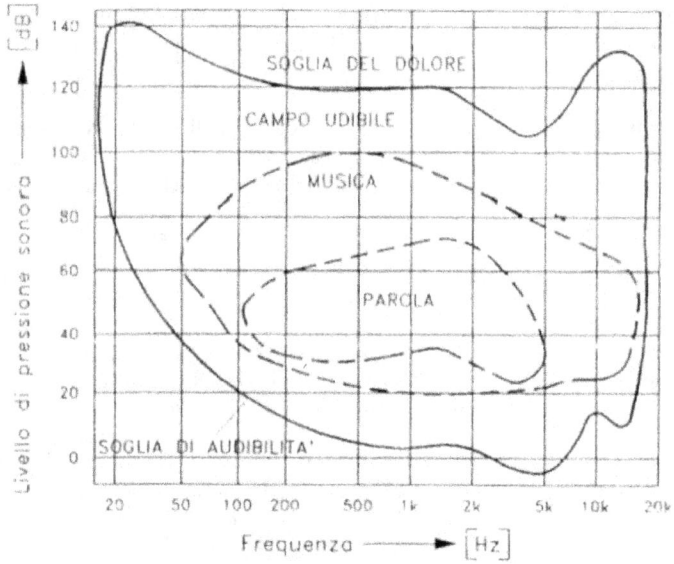

Figura 1.21: Area di interesse tra musica, parlato, ecc.

APPENDICE: La notte uterina

Già in età embrionale il primo organo sensibile è l'orecchio, nella struttura del vestibolo, nel quarto mese fetale l'orecchio è completo, e percepisce suoni filtrati dal liquido amniotico, dapprima si pensava quelli gravi ma poi da approfonditi studi si è riscontrato essere acuti poiché nel primo caso le funzioni vitali avrebbero dato problemi di sopportabilità. L'abitazione dell'utero assorbe gli stimoli esterni, e ne crea delle disposizioni per la vita indipendente. L'educazione all'ascolto è speculata per fini terapeutici nel campo dell'auxologia e nella formazione evolutiva del ciclo vitale, in quanto la postura può essere condizionata dalla fisiologia dell'orecchio e dall'attività auditiva. All'età di 7 anni l'orecchio svilupperà un incremento alle alte frequenze che si perderà successivamente intorno ai 15 anni di età con un relativo incremento di sensibilità alle basse frequenze. La difficoltà di parlare di ascolto, consiste nel fatto che si tratta di introdurre una nozione relativa a una facoltà che in realtà è distribuita con parsimonia e che solo pochi eletti possono percepire in modo tangibile. Questa funzione eccezionale è innata nell'uomo, ma sembra così profondamente nascosta, soffocata, occultata, che resta ignorata dalla maggior parte delle generazioni che si succedono. E' interessante notare che pochi riescono ad acquisirla sebbene tutti siano destinati a beneficiarne. La storia dell'umanità, vista sotto questa angolazione, sembra svolgersi attorno a questa facoltà così specificatamente umana da richiedere solo di essere elaborata, mentre l'uomo fa di tutto per privarsene. Non si può fare a meno di domandarsi che cosa accadrebbe se tutti si mettessero ad ascoltare, si assisterebbe ad un radicale mutamento del comportamento umano. Quando parliamo di ascolto, intendiamo tutt'altra cosa che il fatto di sentire e di avere un buon udito. L'ascolto è una facoltà di alto livello che si innesta elettivamente, e in primo luogo sull'apparato dell'udito. L'orecchio per sua natura, è pronto per captare tutti i rumori e tutti i suoni che lo invadono, ma questo non garantisce che si manifesti un desiderio deliberato, capace di afferrare i suoni, raccoglierli, amalgamarli, memorizzarli integrandoli. Ascoltare è un atto volontario, attivo, che apre all'essere umano l'orizzonte verso il tutto. Studiosi dell'ascolto prenatale e infantile sono: L. Salk, R. Marty, G. Bredberg, V. S. Dayal J. C. Dreyfus, H. Gavini, R.J. Ruben, K. A. Elliot

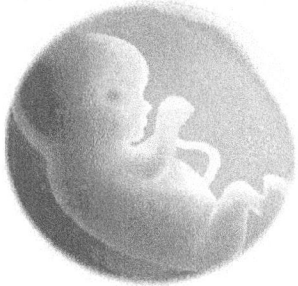

"Tutti sentono, in pochi ascoltano" (R. Wagner)

Capitolo 2

L'ascolto professionale

2.1 Introduzione

Molti di noi prendono il suono per scontato. Noi ascoltiamo suoni costantemente, anche quando stiamo dormendo. Se ci si pone in una camera anecoica, (una stanza progettata specificatamente per l'assorbimento totale del suono), si sentiranno ancora i suoni emessi dal corpo come le vibrazioni che si propagano attraverso lo scheletro fino alle delicate strutture dell'orecchio medio e interno. Ma cosa richiede un ascolto professionale? E' necessario cambiare il modo di pensare il suono e l'ascolto e lo si fa imparando a riconoscere ogni singolo elemento e tutti gli elementi, in combinazione, provvederanno a solidificare le basi che porteranno a decisi avvantaggiamenti nella produzione audio. Sebbene delle informazioni possano sembrare talvolta troppo semplici o basilari, è importante realizzare che il controllo delle basi è quel che fa la differenza, e che fa di un buon tecnico un professionista dotato di intuito, che già in precedenza sarà in grado di prevedere l'effetto delle sue azioni tecniche. Né il solo numero dei colori sulla tavolozza, né la qualità dei pennelli e della tela sono segno di un gran pittore. Memorizzando ogni dettaglio di questo libro ed avendo accesso ad ascolti mirati, il tecnico migliorerà quell'autorità professionale degna del proprio appellativo.

L'operatore audio professionale valuta costantemente processi teorici, pratici ed informazioni sperimentali, giudicando l'esito con le sue orecchie. Il primo scalino dell'apprendimento prevede come combinare una collezione di suoni presi successivamente cosicché il prodotto finale sia la via destinata ad imparare come ascoltare.

2.1.1 Udire (hearing)

Udire ed ascoltare sono due attività differenti. Udire è l'attitudine fisica a percepire il suono, cominciamo ad ascoltare quando il suono è filtrato, manipolato e processato dal cervello. Affinché l'audioproduttore sia altamente consapevole del suono con cui sta lavorando, deve essere maggiormente in grado di poterlo giudicare. La maggior parte di noi percepisce suoni di frequenza compresa tra 20 hertz (Hz) e circa 18 Kilohertz (KHz). I suoni di frequenza molto bassa emessi da macchine da costruzione industriale, o da strumenti musicali come l'organo, la grancassa, i contrabbassi sono, ad esempio, nella gamma tra 16 e 100 Hz. Molti di noi hanno familiarità con il ronzio dei 50 Hz, il suono emesso da inappropriate connessioni tra apparecchiature audio. Molti possono sentire l'alta frequenza emessa da un televisore attorno ai 15 KHz. Non è insolito trovare fonici o produttori del suono che possono ascoltare frequenze oltre i 18 KHz. Avere "orecchie d'oro" non fa di un uomo, a priori, un geniale fonico o produttore: in aggiunta al fatto che ha un eccezionale ascolto deve anche capire che cosa ascolta.

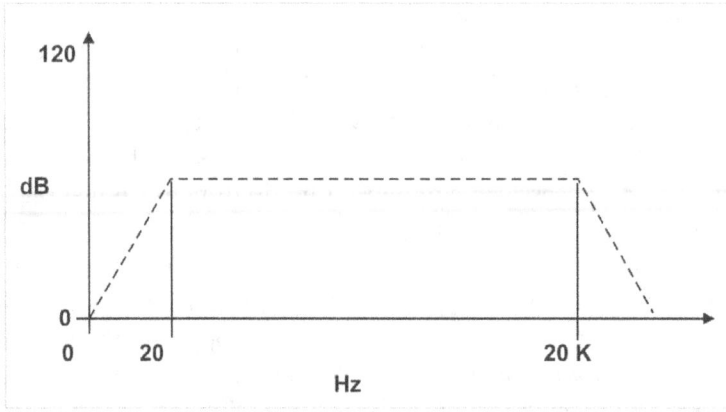

Figura 2.1: Grafico detto "FLAT"

Il grafico relativo alla linea piatta indica come tutte le frequenze da 20 a 20 KHz, conosciute come lo spettro audio, sono presenti esattamente allo stesso volume. L'avere tutte le frequenze allo stesso livello rappresenta una risposta lineare, detta anche "flat". Questo segnale è acusticamente percepito come un impetuoso e sibilante suono chiamato "Rumore rosa". Un circuito come un amplificatore, preamplificatore o mixer è detto essere lineare, o flat, se non cambia, ossia colora nessuno dei segnali che passano attraverso di lui. In verità, tutti i circuiti modificano piccole caratteristiche del suono che li attraversa. La buona educazione dell'orecchio del fonico è insita nella conoscenza di queste delicate variazioni che fanno la differenza fra povere e stupefacenti registrazioni.

2.1.2 L'ascolto non lineare

A complicare le cose, sfortunatamente, c'è che la risposta del nostro sistema uditivo non è affatto lineare. Come abbiamo visto nella curva di Fletcher-Munson, abbassando il volume di una particolare sorgente sonora, abbiamo bisogno di aggiungere basse ed alte frequenze per compensare. E' questo il motivo per cui nei componenti audio consumer esiste spesso un selettore Loudness, con o senza relativi controlli, come ad esempio sugli amplificatori: a bassi livelli d'ascolto il circuito Loudness interviene compensando per la nostra inabilità a sentire le basse ed alte frequenze incrementando il loro volume rispetto alle frequenze medie. Molti circuiti Loudness sono progettati affinché il loro effetto sull'audio sia proporzionalmente ed automaticamente attenuato appena il volume incrementa. Questo evita che le basse e le alte siano inutilmente a volumi eccessivi quando i regimi di ascolto diventano sostenuti. E' importante per un ascolto competente ascoltare a diversi livelli di volume d'ascolto per assicurarsi che tutti gli elementi del missaggio siano sufficientemente bilanciati. La complicazione di questo lavoro comincia appunto ascoltando la differenza a diversi livelli. Se il prodotto finito è lungo diversi minuti, è buona idea ascoltarlo la prima volta a livello normale. Durante il secondo ascolto è bene variare il volume al di sotto e al di sopra del livello medio per essere sicuri che anche a moderati estremi il missaggio rimanga bilanciato. Naturalmente questo esercizio è da farsi anche per analizzare altre produzioni.

2.1.3 Ascoltare (listening)

Il faticoso viaggio verso una perfetta produzione probabilmente causerà il riesaminare e cambiare alcune delle abitudini d'ascolto. Il più degli audiofili attraversano un periodo in cui rimangono affascinati dall'equalizzazione (EQ). Armati del loro primo equalizzatore essi tipicamente incrementano le basse frequenze e le alte. La loro curva di risposta in frequenza favorita può essere qualsiasi cosa fuorché lineare. La più importante funzione del lavoro del fonico è di apprezzare la risposta lineare. Il fonico dovrà scegliere un microfono con una risposta in frequenza appropriata al suono da riprendere, possibilmente con un'equalizzazione minimale. L'esperienza dell'operatore permette di ascoltare differentemente dal resto della gente. L'esperienza continua ed intensa sul suono gli permette di essere coscientemente sensibile alla distorsione, ai cambiamenti di livello, agli effetti di mascheramento, alla tessitura e alla processione d'effetto ricercata oggi in quasi tutti gli studi.

2.1.4 Distorsione

La distorsione si ha quando esiste differenza tra segnale entrante e segnale uscente, a meno di cambiamenti assoluti di livello o per l'introduzione di un ritardo, tale differenza è correlata, dipendente dal segnale entrante. Altrimenti se indipendente tale differenza tra segnale ideale ed effettivo è catalogata come rumore. Questo vale per segnali di ogni tipo, anche video ad esempio.

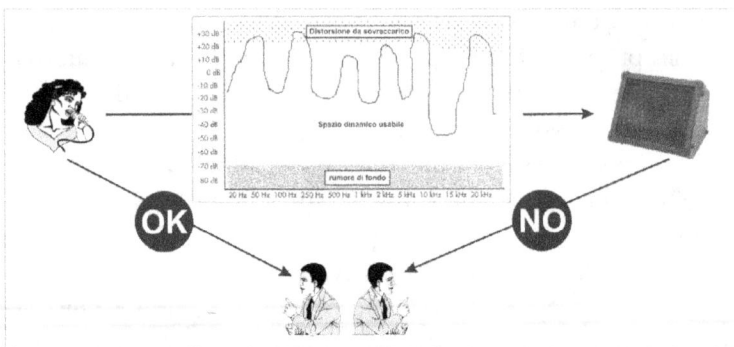

Figura 2.2: Distorsione da sovraccarico

Inoltre: la distorsione è lineare se per ogni segnale sinusoidale entrante nel dispositivo considerato (nei range dinamici e di frequenza che ci si è imposti) il segnale in uscita è anch'esso un segnale sinusoidale di pari frequenza (eventualmente modificato in ampiezza e/o fase). Quindi gli equalizzatori sono distorsori (modificatori) lineari. La saturazione è un esempio di distorsione non lineare. Il clipping digitale è una forma estrema e molto disturbante di saturazione.

2.1.5 Cambiamento dei livelli di volume

Il cambiamento del livello di volume è importante. Se un musicista, un cantante, non emettono suono ad un livello consistente - fatta salva ovviamente la volontà espressiva - una parte dell'esecuzione che scende di volume non sarà ben percepita dall'ascoltatore. Suonare, cantare o parlare troppo forte per brevi istanti, causa di solito un effetto sgradevole. In alcuni casi il fonico potrà chiedere all'esecutore di mantenere un livello costante ma se il problema sussiste il fonico può "seguire il livello" (ride gain) ossia controllare manualmente il livello durante l'esecuzione oppure usare un compressore, un limitatore, o entrambi, o addirittura i tre metodi combinati per assicurarsi un livello costante. Le funzioni del compressore e del limitatore saranno sviluppate in seguito. Un buon ascoltatore dovrà riconoscere le differenze di bilanciamento all'interno di una produzione audio. Il livellamento, come forma di corretta e ordinata lavorazione, è un merito per chi sa mantenerla, ed un senso di appagamento e rilassamento per chi l'ascolta.

2.1.6 Effetto mascheramento

L'effetto mascheramento si riferisce al fenomeno di un suono, o più suoni, che coprono o appunto mascherano altri suoni. Un buon esempio di mascheramento è quando si usa una musica dietro una traccia del parlato per coprire il soffio ed il rumore di sottofondo. Molti fonici usano un fondo di sala, da inserire tra e sotto la sezione di narrazione da curare. Questo fondo evita che eventuali rumori non contestuali vengano notati. Il mascheramento può anche essere indesiderato. Per esempio, una chitarra registrata può avere un suono perfetto riascoltato da solo. Comunque, se altri strumenti sono aggiunti alla registrazione, la loro combinazione di energia acustica può mascherare il suono della chitarra compromettendo la chiarezza dell'ascolto. In questa situazione, il produttore può ricreare uno spazio per la chitarra abbassando il livello dello strumento mascherante o equalizzando gli altri strumenti, la chitarra, o forse entrambi cosicché le loro frequenze non competano. Un altro intervento (sfruttando l'effetto cocktail party ossia la capacità del nostro orecchio di concentrarsi su una specifica direzione di provenienza del suono in presenza di altri suoni disturbanti) per la sottolineatura di uno strumento è basato, nella configurazione stereofonica, nel separare con accortezza la provenienza dello strumento. L'effetto stereo infatti, è una ricreazione della spazialità come in un palcoscenico, quindi permette di separare la provenienza del suono in riferimento alla disposizione logistica dell'organico. Capire inoltre come in una qualsiasi registrazione siano abbinate due sorgenti, come ad esempio voce e musica di un servizio radiofonico o televisivo, spesso può mettere allo scoperto un senso di fastidio provocato dalla tendenza al mascheramento provocato dal conflitto tra le due sorgenti.

2.1.7 Tessitura

La tessitura è la vera combinazione della totalità delle sorgenti che dovranno essere miscelate tra loro, mantenendo l'originaria definizione, pur amalgamandosi in una struttura tipica di una maglia composta da singoli filamenti e singoli nodi. E' indispensabile essere un buon ascoltatore, analizzatore ed un buon giudice. La spazializzazione e l'equalizzazione giocano un ruolo fondamentale nella formazione della tessitura. Ad esempio, se l'unione di diverse sorgenti produce un'abbondanza di alte frequenze, la correzione può essere fatta sull'intera miscelazione, così come sulle basse frequenze, o semplicemente attenuando anche di molto una porzione di frequenze di una singola sorgente compensate nell'intera struttura. Questa operazione può rendere un singolo strumento privo della naturale sonorità, ma inserito nel missato generale esso può riacquisirne le intere proprietà. Il miglior modo per acquisire il valore e gli effetti della tessitura va riportato all'economia elettronica che tende a distribuire nell'intero range d'ascolto un'equilibrata distribuzione di energia tale da non soffocare né porzioni di frequenze, né dinamiche spesso sacrificate dall'alta concentrazione di energia che riempie all'eccesso il fondo di una struttura. L'economia consiste quindi nel distribuire la totalità dell'energia sonora, non letta per strumento, ma per la totalità del suono con la massima indispensabilità salvaguardando dinamiche e intellegibilità ogni qual volta lo strumento necessiti di pronunciarsi tra gli spazi che l'operatore ne avrà con accuratezza riservatogli.

> **La Tessitura** è intesa anche come Analisi morfologica del suono che riguarda già la prima parte del nostro testo se non per il fatto che viene solitamente abbinata a suoni volutamente combinati e non a suoni singoli. **Struttura morfologica:** Massa, Timbro armonico, Dinamica, Grana, Profilo melodico, Profilo di massa, Allure.

2.1.8 Processori d'effetto

Il controllo della spazialità è possibile attraverso un gran numero di processori di ritardo o di riverberazioni ed anche attraverso il dominio della stessa catena di produzione, rendendo possibile l'impatto di una sorgente riconosciuta in una piccola stanza fino alla ricostruzione di un gran canyon. L'uso indiscriminato di tali possibilità, come può spesso permettere notevoli degradazioni, può anche ricreare virtuosamente effetti poco naturali di certo, ma volutamente bizzarri ed originali. Un buon tecnico del suono saprà riconoscere con facilità ognuno di questi interventi interpretandone differenze e funzionalità. Così come un direttore d'orchestra sa inserire all'interno dell'organico un singolo strumento, il fonico, nel fare questo saprà come inserire lo strumento in un ambiente adeguato alla sua stessa integrazione.

2.1.9 Punti di riferimento

Ognuno di noi, considera un punto di riferimento quello che con molti sforzi ha preteso fosse come il più fedele e lineare. Purtroppo non è così, molte sono le variabili, oltre che la coloritura tipica del diffusore, ad intervenire nel rendere ogni sistema diverso dall'altro. Quale può essere allora il riferimento giusto? Non potendo essere strumentale, è necessario che il fonico abbia vari riferimenti per confrontare la corretta e desiderata produzione. Lo fa attraverso delle registrazioni che ben conosce, oppure con il riconoscere esattamente le particolarità tipiche del suo impianto e del suo ambiente. La qualità e l'affidabilità di un

impianto, tale da essere un punto di riferimento, è nella testa del fonico e
non nella perfezione progettuale del diffusore. In effetti, dopo la corretta
utilizzazione degli strumenti di misura, l'ascolto professionale, prevede,
come una bilancia, l'azzeramento della tara, per saper leggere il netto
della produzione sonora da pesare.

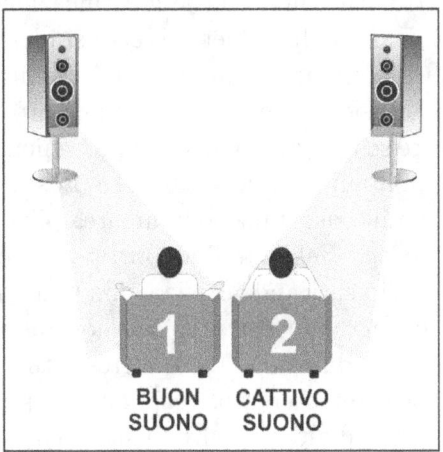

Figura 2.3: L'opinabilità d'ascolto

La cuffia non è un valido punto di riferimento se non per produzioni
destinate ad essere ascoltate in essa, e sono ben poche. E' importante,
invece, riconoscere una grande qualità che la cuffia permette di evidenziare, ossia il vero quantitativo di effetti e ambienti immersi integral-
mente nella produzione che nella diffusione aerea sarebbero confusi con
le riflessioni e la sonorità dell'ambiente in cui si ascolta.

2.1.10 La visualizzazione

Visualizzare il suono è la vera finalità di questo testo. Nonostante questo,
dovrebbe essere pratica usuale per un buon ascoltatore. Ciò non vuol
essere un tentativo di far emigrare una sensazione nobile come l'ascolto
verso un altro senso come la vista. Ma, trattandosi di un'analisi, usa
l'immediatezza delle figure, e ad esse si riferisce la nostra sensibilità che
non è certo dominio di un unico senso che solamente il metodo scientifico umano ha voluto separare per comodità di studio. Questo stato
di avanzamento inizia con la corretta individuazione delle sorgenti. E'
molto importante saper usare lo spettro stereo iniziando a pensare al
suono come in quattro dimensioni: *altezza*, o volume; *larghezza*, o separazione stereo, *profondità*; o distanza da una sorgente, e il *tempo*, riferito

a quando il suono è udito relativamente agli altri e quando le riflessioni del suono stesso sono udite relativamente al suono originale. Accettando il suono come qualcosa che ha dimensioni fisiche sviluppate nel tempo e in uno spazio, ne deriverà una visualizzazione. Appena riusciti a vedere il suono, si potrà giudicare meglio dove e come ogni parte degli elementi costituenti il prodotto, saranno di facile identificazione. Inoltre bisogna riconoscere in quale parte dell ambiente stereo si identifica una o l'altra sorgente, concentrarsi e seguire se una di esse è stabile o si sposta all'interno del campo di diffusione. Cercare quali suoni provengono da un solo diffusore. Identificare se un gruppo di suoni provenienti dalla stessa area risultano essere più lontani o immediatamente prossimi alla posizione, e se sono inseriti in una piccola stanza o in un area più estesa. Più difficile è capire le riflessioni dell'ambiente d'ascolto poiché contribuiscono all' amalgamazione, non dimenticando che la cuffia non può essere un punto di riferimento ma è un valido detector che non disegna con esattezza quello che figurerà dalla diffusione ma è altresì utile per riconoscere la spazialità e lo spettro stereo creato, cosi come la presenza accentuata di alcuni suoni rispetto ad altri, oppure di suoni che sembrano essere in ambienti diversi rispetto ad altri. Visualizzare quindi è un esercizio necessario ed impegnativo, ma è indispensabile per introdurci nell'ascolto analitico.

2.1.11 Il concetto di alta fedeltà

Direttamente tradotta dal termine americano high fidelity (da cui l'abbreviazione Hi-Fi) sta ad indicare una classe di apparecchiature audio che registrando, elaborando, riproducendo e amplificando suono, conservano delle caratteristiche che, in limiti predisposti, sono vicini al segnale originale . Questa definizione dei limiti, conserva dei riferimenti ben precisi stabiliti in America nei primi anni sessanta e che in Europa venne catalogata come norma DIN 45.500, che impone caratteristiche come una banda di almeno 30-15000 Hz, una distorsione armonica minore dell'1%, e il rapporto segnale/rumore superiore ai 50 dB. L'unica prescrizione dubbia è la dinamica che, a quanto scritto, deve essere "accettabile". Nonostante queste norme siano ad oggi state superate, le fabbriche del consumer non hanno nessuna necessità di proporre il meglio, a meno che non costi nulla, in quanto, secondo le caratteristiche sopra elencate, il marchio di qualità hi-fi, può ancora essere ostentato. Per un ascoltatore quindi, la classificazione hi-fi ha iniziato a non significare più nulla.

2.2 Terminologia dell'ascolto

L'esperienza umana combinata con il progresso tecnologico, ha permesso di costruire un glossario specifico per la disciplina del suono. Il rigore scientifico che l'uso di tale terminologia richiede ha una sua naturale commistione con la lingua anglosassone; Purtuttavia l'italianizzazione di tali termini, a parte casi molto limitati, si abbina perfettamente al significato tecnico che si intende rappresentare. Un buon tecnico non può omettere la conoscienza di una terminologia esatta che, per quanto spesso influenzata da innumerevoli variabili, risulta essere fondamentale per la comunicabilità scientificae la padronanza del proprio lavoro.

2.2.1 Il decibel

Nasce come una misura telefonica per riscontrarne le perdite dovute alla lunghezza della linea. E' un decimo del rapporto in scala logaritmica (base 10) tra due potenze. Equivalentemente è un ventesimo del rapporto tra due pressioni acustiche, com'è facile dimostrare sfruttando le proprietà dei logaritmi.
- **Nella figura:** Alexander Graham Bell (1865-1922)

Rapporto tra le potenze di due suoni	Relazione tra le potenze in decidel
1	0
10	20
100	40
1000	60
10000	80
100000	100
1000000	120
0,1	-20
0,01	-40
0,001	-60

A questo punto, dire decibel non ha senso se non si definisce a quale valore si fa riferimento, e quindi ne derivano numerose scale ovviamente con tanto di appellativo specifico. In seguito saranno riassunte le varie applicazioni. Riassumendo: il decibel (dB) non è un'unità di misura (a nessuno verrebbe in mente di definire il simbolo di percentuale (ossia %) come un'unità di misura dato che semplicemente rappresenta un modo per confrontare due valori omogenei per l'appunto raffrontandone il rapporto al valore 100): il rapporto tra due valori omogenei è infatti adimensionale. Allo stesso modo il bel e il suo sottomultiplo decibel, che vale un decimo di bel, non sono unità di misura ma modalità di rappresentare, in scala logaritmica (adattissima quindi ai nostri sensi) anzichè lineare, il rapporto tra due valori omogenei.

2.2.2 Somma e sottrazione dei dB

Per rigore matematico, è bene ricordare che, essendo il decibel una misura logaritmica, risponde ai calcoli utilizzati per essi. E' così che una somma di due suoni di 80 dB risulta essere di 86 dB (se i suoni sono identici) e non di 160. Nell'appendice sono espresse le operazioni di calcolo tra logaritmi.

somma di $dB_T = 10 log(10^{\frac{dB_1}{10}} + 10^{\frac{dB_2}{10}} + \ldots + 10^{\frac{dB_n}{10}})$

ricavo di $dB_1 = 10 log(10^{\frac{dB_T}{10}} - 10^{\frac{dB_2}{10}})$

Figura 2.4: Neper John - NEPERO (1550-1617)

APPENDICE: I logaritmi

Il logaritmo sblocca un problema altrimenti irrisolvibile con i mezzi algebrici. Ossia l'impossibilità di risolvere l'equazione di questo esempio 5 elevato ad un numero incognito (detto x) = 18 Questo caso è frequente laddove non esistono incrementi di natura lineare. (Si ricordi l'esempio delle lampadine precedentemente descritto). I matematici descrivono il logaritmo come l'esponente al quale si dovrà innalzare la base per ottenere il numero, in questo caso sarebbe X = logaritmo in base 5 di 18. E' possibile trasformare l'equazione utilizzando logaritmi in altra base, e una delle più utilizzate è la base 10; esistono tavole dei logaritmi che permettono la soluzione del nostro problema (ovviamente calcolatrici elettroniche sono un modo ancor più veloce di trovare il valore cercato).

Ragionando possiamo riscontrare che un logaritmo ha sempre per argomento un numero positivo, che il logaritmo di 1 è nullo, che il logaritmo della base è sempre 1 etc. Esempio:

- $1 = 10^0$, così il log (in base 10) di $1 = 0$
- $10 = 10^1$, così il log di $10 = 1$
- $100 = 10^2$, così il log di $100 = 2$
- $1000 = 10^3$, così il log di $1000 = 3$
- $100000 = 10^5$, così il log di $100000 = 5$

Nepero, pensò il logaritmo proprio per rispondere al logos - arithmos ossia il numero della mente. Le sue proprietà, utili anche per sommare le intensità sonore sono le seguenti:

- $\log\left(\frac{A}{B}\right) = \log A - \log B$
- $\log(A x B) = \log A + \log B$
- $\log(A^B) = B \log A$

Numero di Nepero (o meglio di Eulero) 2,718281828 indicato con "e" ed utilizzato spesso come base per i logaritmi (detti in questo caso logaritmi naturali), che vengono in tal caso indicati con "ln" invece che con "log". Questa base ha proprietà particolarissime che però nelle applicazioni audio non hanno particolare rilevanza: ad esso si preferisce la base 10.

2.2.3 Livelli audio

I livelli di allineamento audio vanno considerati come 3 diverse concezioni di lettura:

- *Il livello massimo permesso* (PML = Permitted Maximum Level, o anche PMS = Permitted Maximum Signal) è il livello che viene superato solo raramente dai picchi del programma. Con un misuratore quasi-peak (il ppm) non va superato.

Figura 2.5: VU meter

- *Il livello di allineamento audio* (AL = Alignment Level, o anche AS = Alignment Signal) è il livello di un segnale sinusoidale ad 1 kHz attenuato di 9 dB rispetto al livello massimo permesso.

- *Il livello di misura* (ML = Measurement Level, o anche MS = Measurement Signal) viene fissato a 12 dB sotto al livello di allineamento.

2.2.4 Livello di allineamento elettrico

Il livello di riferimento (in seguito ribattezzato e ridefinito come livello di allineamento) elettrico per l'audio è nato nell'industria telefonica ed è stato fissato dai laboratori Bell nel 1939 pari ad una tensione tale da dissipare 1 mW (da qui la lettera "emme" in dBm) su un carico tipico di 600 Ω. Tale valore elettrico si indica con "0 dBm (600 Ω)" ed è quindi pari, per una sinusoide, a 0.775 VRMS (RMS: root mean square, in italiano valore efficace), approssimazione al mezzo millesimo percentuale ormai universalmente adottata della radice quadrata di 600/1000 V;

la tensione picco-picco è invece $0.775 \cdot \sqrt{2} =$ circa 2, 19203. La Bell contemporaneamente introdusse il VU Meter (VU = Volume Unit, pari a 1 dB), strumento visivo atto a verificare il corretto allineamento elettrico. In seguito nel Nord America venne adottato un livello operativo standard (l'acronimo in lingua inglese è SOL) pari a +8 dBm, definendolo come valore da non superare con segnali stazionari. Tuttavia alcune autorità e molti stabilimenti al loro interno adottarono +4 dBm, che è oggi forse il valore più diffuso, equivalente ad una tensione RMS di circa 1.2282922 V pari (per una sinusoide) ad un valore picco-picco di circa 3.4741350 V. Data la successiva obsolescenza tecnica del valore di impedenza di 600 Ω si passò in seguito ad indicare la tensione di riferimento di 0.775 V direttamente con 0 dBu e non più con 0 dBm, rendendola indipendente dall'impedenza.

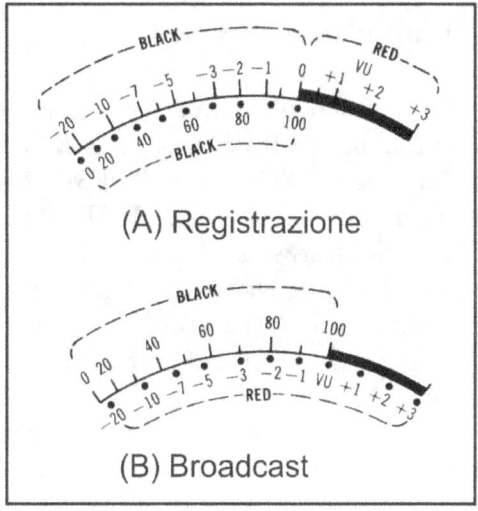

Figura 2.6: Meter strumentali

2.2.5 Livello di allineamento digitale

Il riferimento per il dB FS (che è pari per definizione a 0 dB FS) è una sinusoide di frequenza 997 Hz il cui picco positivo corrisponde al massimo consentito nel dominio digitale (0FFF in esadecimale, per una quantizzazione a 16 bit, e 0FFFFF a 24 bit, mentre il picco negativo vale F000 e F00000 rispettivamente). Si preferisce usare tale frequenza al posto di 1000 Hz per evitare di usare solo 48 campioni dei migliaia disponibili, utilizzando la diffusa frequenza di campionamento di 48000 campioni al secondo.

Esistono principalmente due standard di allineamento tra segnali digitali ed elettrici. Quello secondo le norme EBU R68 e ITU richiede che un tono sinusoidale (preferibilmente di frequenza 997 Hz) di ampiezza di picco -18.06 dB FS circa (per la precisione un ottavo esatto del livello massimo (Full Scale, appunto), quindi circa -18.0617997) debba valere 0 dBu (misura RMS); quello invece fissato dalle norme americane SMPTE RP155 richiede che il suddetto tono sinusoidale abbia valore di picco -20 dB nel dominio digitale e +4 dBu nel dominio elettrico. La differenza tra i due standard è dunque di 6 dB a "favore" dell' SMPTE.

In altri casi si fissa il riferimento su +4 dBu (nel settore consumer invece -10 dBV), specie sui VU-meter.

2.2.6 Livello di allineamento acustico

L'allineamento acustico professionale più in uso consiste nell'utilizzare un rumore rosa la cui ampiezza RMS sia la stessa di una sinusoide di frequenza 997 Hz e ampiezza di picco -18 dB FS, regolando il sistema d'ascolto per ottenere una pressione di 85 dB SPL (pesati C) per ogni diffusore acustico (in alcuni testi sono riportati -20 dB FS e 83 dB SPL, il che è esattamente equivalente), nello standard cinematografico i due canali surround vengono però settati 3 dB più bassi. Il canale LFE (Low Frequency Effect) infine viene settato affinché nella sua banda (limitata a 150 Hz) il livello sia 10 dB più alto di quello che si misurerebbe se i diffusori frontali includessero senza alcuna attenuazione quella banda audio così profonda. Attenzione: nello standard cinematografico si usa una curva di equalizzazione del sistema di ascolto che attenua notevolmente gli acuti. Osserviamo anche che a causa del problema di onde stazionarie in ambienti di dimensioni domestiche o anche un po' più grandi, nonchè per la differenza di estensione (soprattutto alle basse frequenze) esibita da diversi diffusori acustici, risulta consigliabile per la taratura l'utilizzo di un rumore filtrato, che presenti un massimo di energia sonora attorno ai 600 Hz, al posto del ben più critico rumore rosa. Si noti che il livello d'ascolto domestico risulta in genere 6 dB più basso di quanto qui descritto (quindi 79 dB SPL (C)). E' per questo motivo che nella raccomandazione tecnica R68-2000 la EBU consiglia di trasferire materiale digitale broadcast (viene citato in particolare il DAT) che sia quindi allineato con AL = -18 dB FS e PML = -9 dB FS guadagnando 6 dB se destinato a riproduttori CD AUDIO casalinghi tarati per l'ascolto di CD commerciali. Va verificato con attenzione che questa operazione non dia luogo a clipping (utilizzare eventualmente limitatori di picco).

2.2.7 Misuratori di livello audio

Gli strumenti visivi di misura del livello audio si distinguono per il tipo di media effettuta e per il loro comportamento in regime dinamico (tempo di reazione e di rilascio). I più raffinati fanno uso di criteri di psicoacustica per visualizzare il livello in modo conforme alla pressione sonora percepita dall'essere umano (Loudness).

Fondamentalmente possiamo distinguere:

1. **misura della media** (ovviamente del valore assoluto, altrimenti avremmo indicazione costantemente nulla)

2. **misura del valore efficace**, ossia RMS (radice quadrata del segnale elevato al quadrato)

3. **misura esibita** dal VU Meter così come originariamente concepito (1940), intermedia tra le due precedenti e con 300 millisecondi di tempo d'integrazione (in verità sarebbero 165 ms secondo la corrente definizione di tempo di integrazione) ossia circa la durata di una sillaba nel linguaggio umano. In base al documento "A New Standard Volume Indicator and Reference Level, Proceedings of the I.R.E., 1940" il VU Meter originariamente utilizzava rettificatori ad onda intera all'ossido di rame che, combinati con lo smorzamento elettrico, effettuavano una media definita da una risposta secondo la formula $i = ke\sqrt{p}$, equivalente alla risposta effettiva dello strumento per deflessioni normali (Nell'equazione, i è la corrente istantanea nella bobina dello strumento ed e è il potenziale istantaneo applicato all'indicatore di volume). In un gran numero di VU meter è stato rilevato un valore p pari a circa 1.2 ossia un comportamento intermedio tra la misurazione media ($p = 1$) ed RMS ($p = 2$). La scala del VU Meter si estende in genere da -20 a +3 dB indicati anche con valori percentuali e lo 0 VU=100% può essere settato secondo il livello di allineamento in uso (di solito 0 dBu oppure +4 dBu o ancora +8 dBu. Attenzione perché in Francia il livello di allineamento non deve segnare 0, ma 2 dB); le sue caratteristiche dinamiche sono tali da far raggiungere alla lancetta la deflessione del 71% dopo 300 ms dall'azzeramento del segnale d'ingresso (secondo altre descrizioni focalizzate invece sul tempo di reazione iniziale, la lancetta raggiunge il 99% dell'indicazione che avrebbe a regime statico dopo 300 ms, o ancora raggiunge l'80% circa in 165 ms), caratteristica questa scelta in base alla durata

media di una sillaba, che rende possibile però che transitino picchi musicali o di parlato anche 10 dB superiori all'indicazione fornita dall'apparecchio. Ciò ha portato a costruire apparecchiature audio in grado di reggere queste brevi sovramodulazioni introducendo al massimo l'1% di distorsione armonica totale (l'acronimo in lingua inglese è THD) e alla misura di tale tolleranza dinamica è stato dato il nome di headroom (analogico). In genere l'headroom varia da 10 a 24 dB a seconda della qualità del dispositivo.

4. **misura PPM**(acronimo di Peak Programme Meter), anche definita quasi-peak, che misura la media del segnale con tempo d'integrazione (tempo necessario a raggiungere almeno l'80% circa del valore a regime statico) breve, pari a 5 (tipo I) o 10 millisecondi (tipo II, EBU standard PPM), tempi derivati dal fatto che picchi più brevi possono essere limitati senza conseguenze particolarmente udibili. Nel PPM standard definito dalla EBU il tempo di decadimento di 24 dB è pari a 2.8 secondi.

5. **misura di picco effettivo**, ossia misura istantanea su ogni singolo campione; nel caso di una frequenza di campionamento di 48000 campioni al secondo ciò equivale ad avere un tempo d'integrazione di circa 20 microsecondi. E' una misura utile per evitare clipping, ma decisamente poco rappresentativa del loudness. Approfittiamo per osservare che raggiungere gli 0 dB FS non è garanzia di clipping, sebbene una sequenza di almeno 3 campioni a questo livello ne siano indicazione altamente probabile; sulla sua udibilità maggiore o minore con materiale sonoro particolare si può disquisire a lungo ma, nel dubbio, è meglio evitare la situazione dato che al contrario di certe altre saturazioni (come quelle introdotte dalle valvole) il clipping digitale di certo non è mai gradevole. Attenzione anche al caso contrario: due campioni successivi a -1 dB FS potrebbero anche portare, tra i due campioni, a valori di segnale superiori a 0 dB FS.

Sulla base di queste categorie principali si sono sviluppati indicatori di livello ben definiti, con scale in dB, numerazione, allineamento, comportamento dinamico ed escursioni specifiche. Alcuni dei più famosi sono Nordic N9, Din PPM, BBC PPM.

2.2.8 Volume

E' di solito associato con il livello di controllo audio, è un termine dilettantistico adottato dal consumer e non ha una precisa definizione. E' un termine che nel campo professionale dovrebbe non essere nominato, la sua chiara riconducibilità alla geometria dell'ambiente, aiuta chi lo usa a spiegare di quanto riempimento di energia si ha bisogno in quella stanza. Gli amplificatori casalinghi lo dividono in una scala numerica che va da meno infinito ad 1 ed altri usano da 0 a 100. Il concetto di utilizzo della scala da meno infinito, è un po' simile a quella di un rubinetto di acqua che alla sua maggior posizione 1 lascia passare tutta l'acqua che si presenta all'apertura (1 = cento centesimi, ossia 100%). L'altro sistema invece, lascia intuire come l'amplificatore compia un lavoro da una posizione di riposo fino a quella della massima potenzialità.

2.2.9 Livello di pressione sonora (SPL, Sound Pressure Level)

Il suo valore si indica in "dB SPL" aggiungendo poi tra parentesi l'utilizzo di un'eventuale curva di pesatura atta ad approssimare l'effetto percettivo nell'orecchio umano. Esempio: 85 dB SPL (pesatura C). Intensità e pressione non sono la stessa cosa: l'intensità acustica rappresenta il flusso di energia sonora che attraversa l'unità di superficie nell'unità di tempo; equivalentemente è il rapporto tra una potenza ed una superficie e si esprime in watt al metro quadro oppure, se rapportata all'intensità sonora corrispondente alla soglia minima di udibilità dell'orecchio umano medio attorno a 1 KHz (fissata a 10 alla meno 12 watt al metro quadro) si esprime in dB SIL, poco usato. Il livello di pressione sonora è misurato in Pascal (1 Pascal equivale a 10 dyne al centimetro quadro o ancora a 10 microbar, a 0.987 atmosfere e a 94 dB SPL), o meglio in dB SPL rispetto al riferimento (la soglia di udibilità di cui sopra) che vale 0.00002 Pascal. La soglia del dolore è pari a 120 dB SPL ed equivalente a 20 Pascal.

2.2.10 Loudness

E' usata specificatamente per descrivere la sensazione di intensità sonora nel cervello dell'ascoltatore, relativamente alle risposte della sensazione sulla base dello spettro di frequenza e dell'intensità. Non è misurabile facilmente da uno strumento, di solito si divide in una semplice scala numerica. Quel che una misura strumentale può dare come livello di pressione sonora risulta essere spesso incomparabile al loudness, anche perché quest'ultimo varia con la frequenza e la durata, infatti col passare del tempo l'informazione sonora risulta di intensità maggiore. A questa funzione, corrisponde anche una particolare curva da inserire, per la compensazione delle frequenze inudibili a bassi regimi di ascolto.

2.2.11 Livello (level)

E' la misura dell'intensità che usata da sola non ha nessun significato. E' spesso confusa con il gain, in effetti, il livello è un piano di frazionamento, che deve avere un riferimento di misura oltre che il numero degli intervalli tra i quali è inserito nell'intera banda. E' come comperare un attico per usufruire di un panorama senza considerare l'altezza delle costruzioni adiacenti. Naturalmente, nessuno usa aggiungere al livello il nome della scala di appartenenza, ma se è vero che molti lo fanno per semplicità e velocità comunicativa, altri, non ne conoscono neppure la differenza, ammesso che se ne siano mai posti il problema.

2.2.12 Gain o guadagno

E' una misura relativa, usata per gli amplificatori ed espressa in decibel, ne indica il guadagno, ossia il rapporto tra il livello d'uscita e quello d'ingresso. Esempio: - 23 dBu ——— AMPLIFICATORE ——- + 4 dBu, il guadagno è di + 27 dB Ma cosa bisogna guadagnare? In effetti questo intervento spiazza qualcuno, in pratica è molto semplice, significa riportare un livello elettrico insufficiente alla corretta lavorazione, a regimi utili, lo si fa attraverso amplificatori che naturalmente oltre a incrementare suono, introducono inevitabilmente rumore e distorsione in certa quantità. Grande anarchia regna tra le scale di frazionamento. Alcune case usano dal - allo 0 al + , altre da - infinito a + 24 o 12 e cosi via, altri addirittura da 0 a 10. A questo punto è bene sapere che per una parte della loro corsa il segnale viene attenuato, per un'altra è bypassante, e per l'altra estrema viene amplificato. A questo punto è necessario ben interpretare il manuale operativo, e soprattutto ascoltarne i limiti, infatti, il limite delle possibilità di un gain non sono quelli segnalati nella scala, ma quelli che mantengono, amplificando, la più possibile integrità del segnale, ricordando che ogni strumento di misura evidenzia un fondoscala non corrispondente alle effettive capacità dell'apparecchio (altrimenti tutte le automobili andrebbero oltre i 200 Km l'ora).

2.2.13 Fattore di cresta

E' la differenza tra il livello di picco e il livello RMS (valore efficace, ossia radice quadrata della media del quadrato del segnale). Esempio: l'onda sinusoidale ha un valore efficace che è circa 3 dB più basso di quello del valore massimo raggiunto, quindi il fattore di cresta è 3 dB. L'interpretazione di questa misura, è strettamente condizionata dalla destinazione d'uso del prodotto. Un suono singolo, ha diverse possibilità di generare degli impulsi che raggiungono addirittura il fondoscala, e quindi la zona di massima tolleranza del sistema elettronico. Questo parametro, più che misurabile, deve essere ascoltabile, ossia capirne se il suo impulso sarà riprodotto per l'utenza finale, e se, soprattutto non ne risulterà un'altra cosa. Molti confondono questa caratteristica, con un vago concetto di dinamica, ma, se proprio volessimo non deludere gli sgrammaticati del suono, potremmo consentire la dicitura di dinamica parziale o microdinamica, ossia quella offerta tra questo picco e il livello medio della registrazione, proprio come è stato definito nelle prime righe. Un buon ascoltatore inserisce nel suo esercizio analitico questo parametro, infatti ne indica con evidenza la natura della registrazione e gli eventuali processi che l'hanno portata all'ascolto finale.

Nota: ogni misura strumentale che si sviluppa nel tempo è necessariamente una misura integrata, anche nel caso di piccolissimi transienti. Questo vale a dire che il più preciso e veloce dei misuratori di picco non sarà mai reale nonostante ne sia molto prossimo. Questo difetto comincia ad essere evidente quando il numero dei picchi diventa serrato e di grandi escursioni.

2.2.14 Rapporto segnale rumore (s/n ratio)

Nei microfoni è la differenza tra il livello elettrico generato dalla pressione sonora di riferimento di 94 dB SPL (1 pascal) ed il livello di rumore generato dal microfono stesso. In generale è la differenza tra un segnale di riferimento e il segnale spurio in assenza di input, ossia quel segnale spurio che si sovrappone al segnale originale, indipendente da esso (se fosse dipendente non sarebbe rumore ma distorsione). Ad esempio, un'automobile, utilizza parte della sua energia, anche fino al 50% per superare la propria inerzia e sconfiggere il suo peso, risultandone quindi un rapporto di 2:1, quindi, un segnale, che corrisponde al massimo dell'energia, inserito nella processione elettronica perde la sua efficienza, per via dei fondi aggiunti, che possiamo chiamare inerzia, e questa perdita di rendimento è espressa in un rapporto. Fortunatamente nel nostro caso i rendimenti sono maggiori, nonostante questo, ad un rapporto segnale-rumore, che abbiamo riscontrato nei nostri strumenti di misura, se ne aggiunge sempre un altro, limitato al solo ascolto, introdotto dalla catena di amplificazione. Un fonico, mai confonderà la dinamica con questo rapporto, infatti la dinamica considera il suo spazio compreso tra il massimo segnale registrato e il minimo, (che potrebbe essere anche un rumore), il segnale-rumore, invece ne delinea un rapporto. Come quando un ingegnere, nel progettare una curva d'autostrada, calcolerà un arco facente parte di una circonferenza in relazione alla velocità e peso presunto del mezzo (rapporto S/N), e non allo spazio della carreggiata (dinamica). Se questo rapporto comincia ad essere evidente, significa che in ambito psicoacustico, non esiste sufficientemente condizione per una corretta registrazione. Così, per accertarsi della chiarezza, mentre le dimensioni della tela sono lo spazio per la dinamica, il colore del fondo sarà il nostro S/N, che sarà nostra premura nascondere, ma che di certo non si può eliminare.

2.2.15 Osservazioni sul livello

Un buon tecnico del suono dovrebbe essere in grado di riconoscere ad orecchio lo stato del livello in funzione delle prestazioni degli apparecchi utilizzati, e soprattutto ne dovrebbe avere una visualizzazione mentale ed istintiva. Richiamiamo che la differenza tra il livello di riferimento e il livello al quale si inizia a percepire distorsione è chiamato *Headroom*, mentre il rapporto tra il livello di riferimento e il rumore di fondo è chiamato rapporto segnale-rumore, da non confondersi con la dinamica, anche se a volte la dinamica può essere calcolata su questo rumore. Elevando il livello di riferimento diminuisce l'headroom ma aumenta il rapporto segnale-rumore, risulta cosi esserci meno rumore di fondo, ma un più alto rischio di distorsione. Diminuendo invece il livello di riferimento aumenta l'headroom e diminuisce il rapporto segnale-rumore e ne risulta un maggior rumore di fondo, ma una minore possibilità di distorsione. Per il fonico, il livello di riferimento rappresenta anche il giusto adattamento tra le macchine, purché egli riconosca con precisione quale strumento sta misurando, e su quale scala.

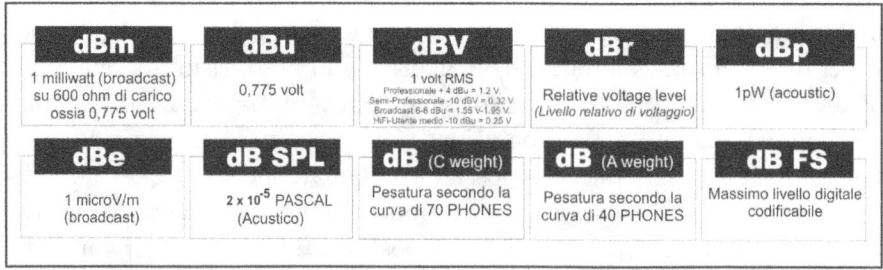

2.3 La dinamica

La dinamica è considerata come il rapporto tra il massimo segnale utile e il minimo al di sopra del rumore di fondo, ma è anche la differenza tra la massima intensità e quella più bassa, ad esempio se una band sta suonando a 100 dB SPL e improvvisamente lascia il posto ad un solo strumentale di 65, la dinamica sarà di 35 dB. La dinamica è chiaramente dipendente dalle escursioni di livello che il segnale è possibilitato a fare e quindi un segnale fortemente compresso ne risulterà privo, così come i segnali broadcast. Chiaramente è una buona base di partenza avere un fondo per la registrazione silenzioso, privo quindi di rumori elettronici, e rumori meccanici. Ma cosa è effettivamente la dinamica? E' uno spazio, una regione entro la quale è possibile far compiere evoluzioni al segnale sonoro. Lavorare il suono senza conoscere la dinamica significa non riconoscere né i limiti né le potenzialità di una strumentazione, e nemmeno rende possibile la scultura del suono che risulta essere più definita proprio grazie alle profondità delle escursioni.

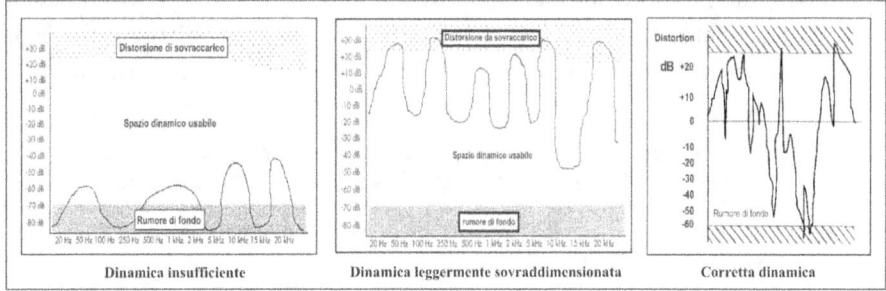

Figura 2.7: Dinamica

Nella concezione musicale, riferendosi ai segni dinamici (pp, p, mp, mf, f e ff) è purtroppo intesa come la massima intensità da ottenere in esecuzione, e non affatto in relazione alla soglia più bassa. Questa sua caratteristica è spesso causa di confusione che non aiuta certo un tecnico del suono alla visualizzazione degli estremi della modulazione. In seguito studieremo la dinamica come fondamento creativo della scultura sonora, oserei dire lo "scalpello".

2.4 L'impedenza nell'ascolto

"Un buon tecnico del suono, è in grado di lavorare anche senza guardare i livelli", affermano in molti. In realtà è una forma di integralismo che vorrebbe svincolare il tecnico del suono dalla dipendenza della strumentazione, tuttavia una ragione a questo accanimento c'è, ossia il riconoscere che la misurazione di quel che si ascolta effettivamente non esiste. Esistono focalizzazioni diverse, misure mediate con corrispondenze all'ascolto dubbie. Un fenomeno, forse il più misurabile di tutti, e assoggettato alla progettazione umana, è l'*impedenza*, e come un paradosso la si ascolta ma non si vede. Come un buon manuale di elettronica o di tecnica del suono direbbe, essa è la "resistenza offerta da un circuito al passaggio di una corrente alternata", per il nostro studio non vuol dire molto. Ricordandoci però che il nostro suono attraversa inevitabilmente diversi apparecchi, ogni volta che in essi entra, oppure ne esce deve confrontarsi con criteri di accettazione che, se mal controllati, ne modificano alcune caratteristiche che ritroveremo in ascolto. L'impedenza ha quindi un ruolo non trascurabile. Bisogna dire che l'impedenza è in se stessa uno sbarramento al passaggio del segnale, ma il tipo di ostacolo è di diversa natura in base ai componenti elettronici che lo procurano.

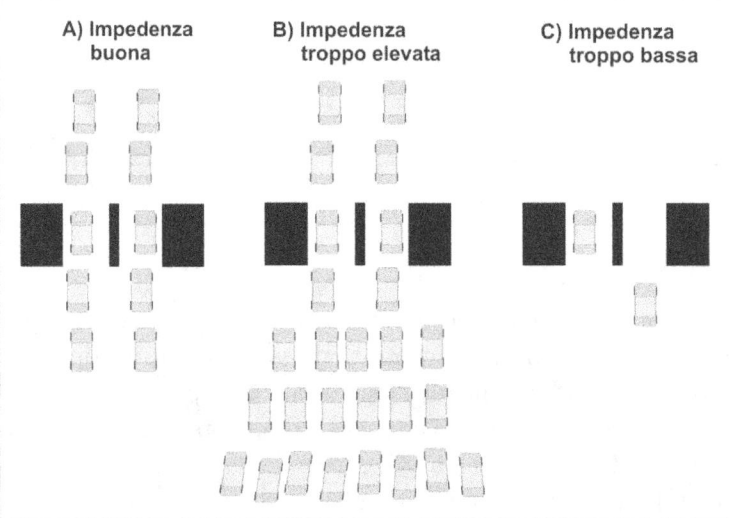

Figura 2.8: Flusso e impedenza in un casello autostradale

Avere due processori di suono che si connettono tra loro, preclude che inizino a dialogare con la stessa lingua, dove colui che accetta dovrebbe essere più ricettivo e quindi opporre meno resistenza. Questa è l'impedenza. Ma quali sono i suoi effetti nell'ascolto? Immaginiamo un'uscita dalla metropolitana nell'ora di punta, se centinaia di persone si addensano verso un'unica e insufficiente scala mobile, ne subiranno un rallentamento, una pressione che ne impedisce i movimenti, e, a passare, saranno prima quelli che si trovano centrati rispetto all'imbocco, e gli altri si inseriranno pian piano ammesso che riescano. E' il caso del nostro segnale, che incontrando una forte resistenza, lascia di norma passare, non senza difficoltà, la parte centrale della banda e ostruisce maggiormente le parti estreme. Riassumendo, quindi, ne risulterà un suono limitato sulle frequenze più basse e quelle più alte, inoltre il totale rallentamento del flusso determina una riduzione della dinamica per causa dell'occupazione dello spazio disponibile da parte dei cosiddetti residui di energia dando vita, o meglio morte, ad un tipo di suono detto "strozzato". Nei giusti limiti, l'impedenza di chi riceve deve essere maggiore di quella che porta per mantenere costante il flusso e la spinta necessaria per trasportare il segnale. Ma se l'impedenza di chi riceve è troppo bassa, la connessione è irregolare, in quanto il flusso dinamico perde di spinta e si distribuisce nei circuiti perdendo, come nel caso precedente le energie più deboli come quella delle alte frequenze, e del livello generale, come se si perdesse in un pozzo. Queste considerazioni, il fonico deve saperle valutare con l'ascolto, anche perché all'adattamento di impedenza può corrispondere una visualizzazione di una saturazione, ma può anche non segnalare nulla come nel caso di un'impedenza troppo bassa.

2.5 L'ascolto e l'acustica architettonica

Allorché un suono incontra un ostacolo, può subire diversi tipi di deviazioni che, oltre a caratterizzarne il risultato dell'ascolto, rende unico ogni ambiente per le sue caratteristiche di coloritura. Si può immaginare come non sia nostra finalità descrivere fisicamente questi fenomeni, ma è necessario che siano chiari ad un ascoltatore. In questo caso il suono può subire:

- *riflessione*, ossia riportarsi nel verso di provenienza secondo le due leggi della riflessione. (Giacenza del piano e angolo incidente uguale all'angolo riflesso)

- *rifrazione*, ossia attraversare il mezzo cambiando direzione secondo le due leggi conosciute.

- *diffusione*, ossia infrangersi su di una parete porosa che ne disperde la riflessione in più direzioni.

- *diffrazione*, oltrepassare l'ostacolo con o senza microradiazioni a seconda delle sue dimensioni.

- *assorbimento*, trattiene il suono nel mezzo, adoperandosi ad uno smorzamento progressivo.

Figura 2.9: Auditorium di Vienna

In presenza di un suono in ambienti chiusi, la risultanza è sempre un somma, con varie percentuali di tutti questi fenomeni. La nostra attenzione si sofferma sui parametri che contribuiscono a modificare il suono originale prima che giunga alle nostre orecchie. Il viaggio del suono colpisce l'ascoltatore sia direttamente che, dopo un viaggio più o meno lungo, tramite più riflessioni provenienti dalle pareti. Si tratta della *Riverberazione*. Dobbiamo quindi dapprima individuare il suono diretto, e in che percentuale sarà coinvolto dal suono riflesso.

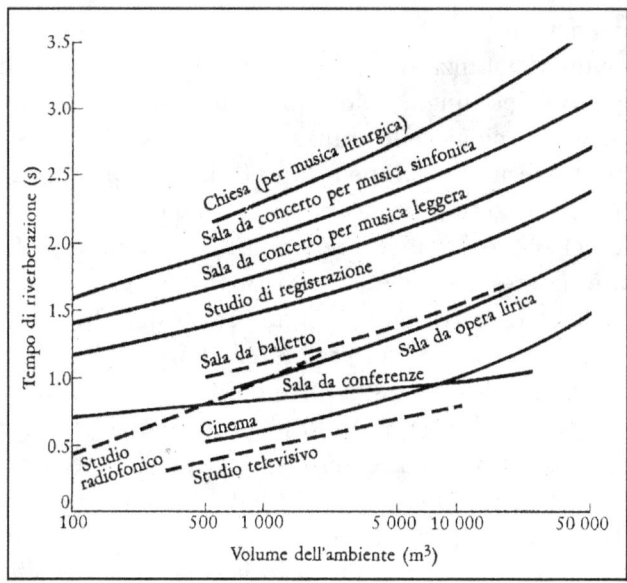

Figura 2.10: Gli ambienti ottimali

Più l'ambiente è grande, e più evidenti saranno i ritardi. Il tempo che passa tra l'emissione del suono e l'inizio delle riflessioni, è chiamato *predelay*, ed è proporzionale alle dimensioni della stanza, dalla posizione della sorgente e dal punto d'ascolto. Il tempo di predelay esiste sempre, ma la sua percettibilità è altra cosa, infatti come accennato a proposito dell'effetto haas, prima di un tempo non è riscontrabile, poi via via genera una perdita di localizzazione, fino ad essere distaccato del tutto e riscontrato come un'eco. Subito poi, un attento ascoltatore immerso in un ambiente, dovrà riconoscere le prime riflessioni, quelle che riportano un suono quasi integro, ma con una perdita di energia a frequenze differenti, che vengono chiamate in inglese *early reflections* (prime riflessioni, sono particolarmente importanti, perché permettono a chi ascolta di capire la qualità della riflessione e il grado di *diffusione*, ossia il tipo di dispersione che, soprattutto sulle alte frequenze colora il suono dandogli una caratteristica viva, brillante. L'importanza di ascoltare le prime riflessioni, inoltre, rende chiara l'idea di un'altra importante caratteristica chiamata *"densità"* corrispondente al numero delle riflessioni nell'unità di tempo, determinandone l'impatto. In che proporzioni il segnale effettato (riverberato) e segnale diretto si sommano tra loro è determinato da un parametro che viene spesso indicato con 'wet/dry', che forse potremmo tradurre con: 'sporco/pulito' - 'bagnato/secco' - 'effettato/non effettato'

A questo punto la stanza dimostra tutta la sua identità, e inizia una coda sonora più o meno lunga, gradita o no, in rapporto al numero delle riflessioni e alle dimensioni della stanza. Un buon tecnico sa che questo tempo è misurato su un decadimento di 60 dB, ma per un ascoltatore la vera misura può essere espressa come il tempo che passa dalla fine dell'emissione del suono fino a quando non lo sentiamo più. Oggettivamente questa è un'eresia, anche e soprattutto perché questa coda può essere sommersa da un altro nuovo suono provocando mascheramenti e accavallamenti tali da compromettere l'intellegibilità e l'aspetto dinamico di un suono. Soggettivamente però va data alla riverberazione la sua naturale funzione, ossia quella di inserire la sorgente nell'appropriata locazione, ne è un esempio la musica liturgica, o quella da camera, oppure il teatro greco.

Queste attenzioni, ci porteranno a capire come un ambiente suoni diversamente da un altro, infatti subentra la coloritura ossia il rapporto tra quali delle frequenze vengono riflesse e in quale intensità. Le caratteristiche della coda di riverberazione serviranno in seguito allo sviluppo dell'ascolto avanzato, in quanto determineranno aspetti analogicamente legati alle sensazioni umane.

Già i tempi di riverberazione sono di grande utilità nel definire l'appropriato uso di un ambiente, come riporta il grafico precedente. Altri parametri vengono teoricamente riconosciuti e programmati nei generatori artificiali di reverbero, ma la loro corrispondenza architettonica è utopica e quindi entriamo nell'aspetto creativo, che sarà trattato in seguito. Per curiosità è bene riportare che ci sono ben nove equazioni differenti per lo studio del fenomeno della riflessione, (si consulti un buon manuale di tecnica del suono) ma riportiamo le più note con in testa quella di Sabine, poi Hopkins-Stryker, Norris-Eyring, Fitzroy, Jordan, Barron, ed altri.

Capitolo 2. L'ascolto professionale

L'acustica architettonica è stata per secoli studiata a fini speculativi, meravigliosi sono stati gli studi fatti da Archimede a Leonardo. Dal secolo dei lumi in poi era addirittura la musica ad adeguarsi all'ambiente facendo nascere generi, organici e composizioni consoni al posto dove eseguirle.

La grande svolta però è stata introdotta da **Giovan Battista Piranesi (1720-1778)** *(nella foto sopra)* che non solo teneva in buon conto criteri di acustica per i suoi progetti di nuova costruzione, ma ne teneva conto anche per il restauro di opere del Rinascimento romano.

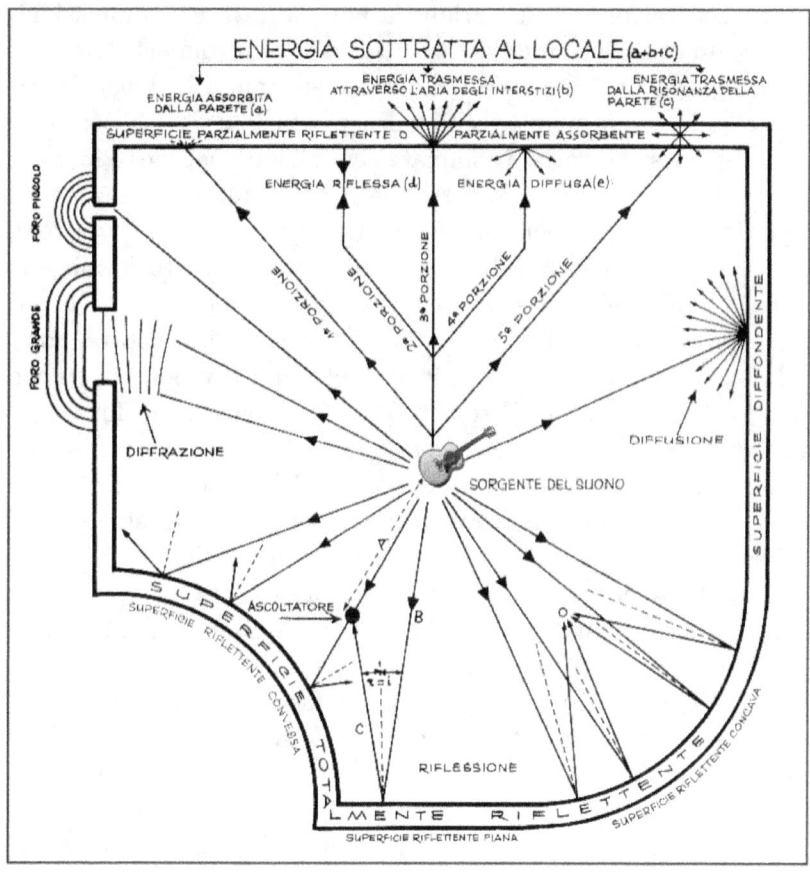

Figura 2.11: Appunti universitari di acustica architettonica

2.6 Gli altoparlanti

Gli altoparlanti sono sostanzialmente dei motori ad escursione traslatoria. La bobina mobile immersa nel campo magnetico, subendo una variazione di intensità elettrica, subisce uno spostamento dipendente dal campo magnetico, dall'intensità elettrica e dalla grandezza e massa della bobina. Questo meccanismo è naturalmente affetto da impedenza sia meccanica che elettrica, quindi la pesantezza della struttura ne limita i micromovimenti che corrispondono alle frequenze più alte. Gli altoparlanti a bobina mobile sono quindi sempre usati per la riproduzione delle basse frequenze, per le alte invece risulta più efficiente il sistema piezoelettrico, per le grandi capacità di microvibrazioni e la grande affidabilità del minerale opportunamente tagliato. Pur tuttavia le ultime generazioni di altoparlanti a bobina di piccole dimensioni, favoriscono un'ottima riproduzione, a potenze notevolmente più elevate. Questa differenza di caratteristica dei due sistemi, o le dimensioni degli stessi, introduce una nuova tecnica di riproduzione divisa per range di frequenza. Questa tecnica è chiamata separazione per vie. Più comunemente si usa dividere in due o tre vie ma non mancano sistemi divisi per quattro o finanche per cinque vie. Lo scopo è quello di rendere più riposante il lavoro dei singoli altoparlanti e soprattutto di meglio distribuire le frequenze in base alle caratteristiche costruttive dello stesso. Questa apparente semplificazione, dà vita a diverse e nuove anomalie, che si riscontrano nella riproduzione finale. La divisione in frequenza è operata da un circuito di separazione della banda, un filtro quindi, chiamato **crossover**. Esso effettua una caduta, e un'apertura che, per quanto ripide che siano invadono il campo della selezione precedente o successiva interessando una doppia appartenenza. Questo particolare e udibile fenomeno interessa negativamente la cosiddetta frequenza di incrocio, e tutta la regione interessata nella caduta ed eventualmente nell'apertura che è chiamata **regione Q**. Naturalmente più la pendenza dei filtri è ripida, minore è la regione Q e viceversa, sebbene vadano considerati anche fenomeni di rotazione di fase in genere peggiori all'aumentare della pendenza. Un buon fonico dovrebbe essere in grado di riconoscere queste frequenze di incrocio, e soprattutto, correggerle con l'intervento di equalizzatori grafici relativi al sistema di ascolto (non influenti sul mix). Dall'altoparlante si passa ai sistemi multipli, e da essi alle casse, e il tutto costituisce il sistema di diffusione.

L'assemblamento appena descritto, può esserci d'aiuto per l'ascolto mirato a delle specifiche caratteristiche:

- **Altoparlante unico:** Chiamato anche Flat, semplice ed economico. E' l'altoparlante nudo o appena inscatolato a protezione del cono. E' applicato per usi casalinghi. Di contro ha lo scarso sviluppo di basse frequenze, chiaramente per via delle dimensioni ridotte che permettono la contaminazione dell'onda anteriore con quella posteriore, annullandosi: per avere lo sviluppo della bassa frequenza dovrebbe superare il diametro di 1 metro.

- **Cassa chiusa:** E' il sistema in cui l'altoparlante o gli altoparlanti sono inscatolati in una cassa chiusa che annulla l'effetto dell'onda posteriore. In ascolto risulta fortemente dipendente dalle caratteristiche costruttive della cassa, e, spesso, delle sue imprevedibili risonanze interne. Ne risulta di solito un suono piuttosto secco e potente allo stesso tempo.

- **Bass reflex** sfruttando un risuonatore, detto di Helmoltz, opportunamente accordato, e all'uscita in fase con il cono, si ottiene un estensione delle basse. E' il sistema più utilizzato nella diffusione per grandi spazi, come le arene e così via.

- **Labirinto:** L'onda prodotta all'interno della cassa dal retro del cono, segue un percorso forzato nel suo interno fino ad essere espulsa. Il progetto della cassa prevede che in questo viaggio si ritardi, attraverso il labirinto, fino ad essere espulsa al quarto della lunghezza d'onda sfasata con il cono, fino a sommarsi per ritrovarsi completa. Si genera una sorta di onda prima spezzata e poi ricostruita. L'efficacia è notevole. Bisogna stare solamente attenti a non generare onde stazionarie all'interno del labirinto. Nonostante l'ingegnosità di questo sistema esso comincia ad essere obsoleto e in via di estinzione dopo essere stato molto usato nell'alta fedeltà casalinga e in molte sale cinematografiche. Il suono ne risulta rotondo, dolce e leggermente cartonato, effetto quasi mai indesiderabile perché ne evidenzia una provenienza elettroacustica tipica della qualità stessa che si ritrova nei dischi.

- **Sistema a tromba:** E' progettato per rendere più potenti sia le alte che le basse frequenze. Il sistema prevede una vera e propria tromba applicata agli estremi degli altoparlanti che rendono l'efficienza a volte superiore del 50%, e ne danno direzionalità. E' importante che la superficie della tromba non vibri e che abbia le opportune dimensioni soprattutto nelle basse frequenze. Sono usate in combinazione con gli altri sistemi, ma spesso hanno bisogno di grandi dimensioni difficili alla mobilità. Hanno un piccolo litraggio, e quindi la pienezza del suono può essere sacrificata, se ne avvantaggia invece l'efficienza per le lunghe distanze, ed il suono risulta essere molto duro, spesso grattato e nasale, a meno che non siano nati da una grandissima progettazione. Sono anche molto difficili da equalizzare per il grande numero di sfasamenti che vi si generano.

- **Push-pull:** Consiste in una combinazione di due altoparlanti adiacenti nelle loro facce, spesso costruiti in materiale plastico per problemi di resistenza. E' come se fossero due diversi sistemi di cassa chiusa in cui all'emissione in fase del primo, risulta una controfase dell'altro e con un opportuno circuito acustico accordato l'onda si ricompone in uscita producendo un suono piuttosto plastico e "abbottonato", poco fedele ma molto elegante, non soffre molto di controfasi e quindi è facile da impilare e da sommare in potenza. La riproduzione delle alte frequenze non è usata con questa tecnica, quindi in un sistema push pull le alte sono riprodotte convenzionalmente, e con componenti separati.

- **Basso omnidirezionale:** Sono tre casse in un unico corpo con due woofer ai lati e uno dietro in controfase. Questo sistema è stato studiato per rendere la diffusione delle basse frequenze nella sola direzione frontale per l'uso dal vivo sfruttando l'interferenza. E' un brevetto della casa costruttrice Mayer Sound statunitense con il suo modello PSW 6, è molto elegante e fedele.

- **Line array** funziona impilando le casse con un minimo di 6 elementi, produce un'unica onda attraverso un processore elettronico che ne ha spezzettato e distribuito la diffusione. Recupera molta profondità e distanza equiparando le potenze tra le prime e le ultime file degli ascoltatori. Il suono, essendo processato, non soffre di problemi di fase, è molto ben equilibrato e per il resto rispecchia le caratteristiche dei sistemi già descritti, in base alla scelta dell'utilizzo.

- **Cluster** e' qualsiasi composizione di casse divise per vie, ossia per range di frequenza; è quindi necessario un crossover per la divisione delle frequenze. Solitamente sono usate con 2, 3 o 4 vie, anche se si è arrivati a sistemi di 5 o addirittura di 6 vie. Proprio questa divisione delle frequenze dà origine ad un piccolo range incluso nelle frequenze d'incrocio che possono essere più o meno estese, e questa doppia diffusione provoca un incremento del livello delle stesse che dovrebbe essere corretto. Comunque ogni cluster ha un suo suono dipendente dall'assemblaggio, dal numero di vie, di casse, dalle altezze e dai modelli. Il più grande dei problemi che presenta un cluster è l'innumerevole quantità di sfasamenti purtroppo non controllabili per via della loro diversa risultanza in base alla locazione d'ascolto.

Figura 2.12: Cluster di altoparlanti

"Si guarda e si ascolta con la mente"
(Plinio il vecchio)

Capitolo 3

L'ascolto avanzato

3.1 Come nasce una produzione sonora

La produzione del suono, come la totalità delle produzioni, si avvale per la sua realizzazione di strumenti *denotativi*, e di strumenti *connotativi*. Indicheremo i primi come l'insieme delle strutture, della tecniche, e dei materiali a disposizione, come ad esempio gli archivi, necessari per la realizzazione del prodotto. E' detto, nel suo complesso, *"Corpus Meccanicum"*. I secondi invece rappresentano gli elementi caratteristici di una creazione, che servono a riconoscerla, e a renderla efficace, determinandone la qualità. E' detto, nel suo complesso, *"Corpus Misticum"*. Ogni creazione ha bisogno di queste due strutture, dall'opera cinematografica alla discografia e tutto quanto può considerarsi prodotto. L'opera nasce da un autore, chiamato "causa principale" il quale pensa, idea ed espone la sua creazione, chiamata "strumento unito", per esso si attiva una realizzazione pratica, per la quale il solo autore non è mai autosufficiente, orazione a parte, in tutti gli altri casi ha almeno bisogno della penna, o del pennello, o delle materie prime. Questa apporto è chiamato "strumento separato". In questa ultima fase rientra il lavoro del tecnico, egli traduce un'origine connotativa in un'esposizione denotativa, la rende visibile, fruibile e materiale. Ci sono delle discipline che direttamente o indirettamente interessano la nostra materia: la matematica, la psicoacustica, l'auxologia, la neurologia, la musicoterapia, ma soprattutto la musica: essa pretende la percezione più dedicata, più gradita e spesso più analizzata. In effetti anche molti tecnici del suono si ritrovano ad operare nella musica, nel cinema, nella postproduzione, insomma proprio in quei settori dove è richiesta una componente creativa oltre che tecnica. Ciò non esclude la lodevole e difficoltosa applicazione nel mondo dell'industria, della misurazione e della gestione degli archivi. In ognuno di questi casi però è necessario che un buon tecnico del suono conosca le varie discipline e ne distingua le varie peculiarità. Ogni opera artificiale si manifesta con l'impatto estetico, visivo, percettivo, detto anche *pittoresco*, che intende tutta l'arte figurativa, gradevole ed espressiva. Ma c'è un oltre, quell'oltre che ha impegnato i filosofi per secoli, quello che non si accontenta mai del proprio manifestarsi, un processo mentale ed evolutivo che sale obliquamente verso la comprensione suprema, lo potremmo chiamare *sublime* (che sale) ed è un passaggio immediatamente successivo al pittoresco. Possiamo dare del pittoresco al mondo dei suoni in genere e del sublime alla musica, o alle forme sonore emozionali in genere.

3.2 Il concetto di sublime

Ogni forma d'arte gratifica, soddisfa e completa le attività dell'uomo che la produce, e in senso fruitivo trasporta, soddisfa, emoziona o impegna l'uomo che la legge. Ognuna di queste qualità intellettive può essere accentuata o riconosciuta, in base agli individui e alla complessità dell'opera. C'è anche chi, come artista, non ha avuto nessuna intenzione a rendere di facile interpretazione la sua creatura. L'uomo si distingue dagli altri esseri viventi, per il suo essere intelligente, perché ricorda, si emoziona. Ma tutto questo può riassumersi nella sua consapevolezza di essere materialmente finito, nato per morire. Da tutto questo egli non ne trae soddisfazione, ed è per questo che ricorre all'arte come tentativo di rendersi immortale o come trampolino di lancio verso il mondo inanimato. Questa è una pratica sublimale, che ci trasporta all'esterno della materialità umana.

3.3 Il concetto di natura del suono

La lettura del suono va fatta nei suoi elementi intrinsechi, e nel caso di opera musicale prescindendo dai suoi significati e dal diretto collegamento storico in cui è immersa. Questo è un processo ultimo che dovrebbe essere facilmente riconoscibile, è il nostro punto d'arrivo. E' un metodo, questo, già messo a punto da studiosi come Konrad Fiedler nella seconda metà dell'ottocento e poi, perfezionandolo, dallo svizzero Heinrich Wolfflin; il campo di applicazione è quello dell'arte, ma trova validi sostenitori in altri campi di operazione, come ad esempio Benedetto Croce nelle arti letterarie ed altri esponenti nella neonata arte fotografica e successivamente nella musica. A questo punto è necessario smettere di immaginare e cominciare a visualizzare, con la relazione dei sensi, con una pratica che non esclusivizza nessuno di essi. Il suono ha una natura spontanea ed una artificiale.

Definiamo la natura. Essa è l'essenza specifica di quel che la definisce, ed è contenuta nella sua stessa definizione, quindi in quel che analizziamo è necessario riconoscere la sua natura, ossia il "Principi operationis". L'unione di due nature può realizzarsi in tre modi:

- per **aggregazione** quando le cose unite rimangono diverse ed integre, ad esempio un cumulo di pietre (aggregazione disordinata) o una casa (aggregazione ordinata), si pensi a due o più suoni che si diffondono insieme, o strumenti che arrivano ad un mixer. In effetti la prima serie di interventi che il fonico dovrà fare, sarà quella di ottimizzare ognuno dei suoni per poter essere di livello, equalizzazione, dinamica e ambientazione corrette. Dopo questa fase i suoni possono essere aggregati, ma non hanno ancora nessuna relazione tra loro.

- per **associazione** quando qualcosa si costituisce da diverse cose imperfette che non sono trasformate dall'unione. Ad esempio, il dizionario definisce un'associazione come un gruppo di persone che si uniscono per la stessa finalità, pur non modificando la loro personalità. E' il caso di un gruppo di suoni miscelati tra loro, formano un corpo unico mantenendo la loro originale identità, è l'operazione dell'unire i suoni singoli degli strumenti, in relazione tra loro, ad esempio le influenze dei microfoni tra vari strumenti, come il classico esempio della batteria: la compressione, ambientazioni ed equalizzazioni non più per definire il singolo, ma per integrarsi con gli altri. E' la prima fase del missaggio, in cui il fonico inizia con il confrontare i suoni nel giusto rapporto, colore e bilanciamento.

- per **trasformazione**, quando una realtà è costituita da due cose che per l'unione si sono trasformate, come l'idrogeno e l'ossigeno si uniscono per formare l'acqua. Un suono può essere processato, e sommandosi a ciò che lo modifica assume un altro aspetto. Ma questa è anche la vera definizione di un missaggio. Una fotografia, un'inquadratura cinematografica, o un quadro, nel loro aspetto finale risultano un'immagine unica. Anche il missaggio sonoro, se ben confezionato, diverrà un suono unico integrato, amalgamando i suoni attraverso effetti, equalizzazione, dinamica generale, estensione in frequenza e masterizzazione. Pur avendo la possibilità di riconoscimento degli elementi che lo compongono, un suono missato dev'essere omogeneo e trasportare l'ascoltatore verso il messaggio che vuole trasmettere o l'emozione che vuole provocare e non portandolo ad analizzarne - distraendosi - i suoi contenuti. Quando un suono missato non convince o distrae, la finalità è stata in qualche modo disattesa.

E' questo il processo di qualsiasi creazione artificiale, ossia di una qualsiasi unione di nature che per quanto complesse e geniali che siano, sono indubbiamente alla portata di un già citato "Individuo di natura intelligente", che dovrebbe riconoscere in essa delle sensazioni, e delle possibilità analitiche utili alla conservazione, alla sua evoluzione ed infine alla sua personale e sociale soddisfazione.

3.4 Il suono come arte

Conosciuti questi punti, il lavoro di un buon ascoltatore, di un buon osservatore o semplicemente di un saggio attento a ciò che lo circonda, nasce a ritroso, ossia dalla conoscenza finale di un'opera per poi salire verso quello che l'ha resa possibile. E' bene non cadere nell'errore del ricercare quel che l'autore avrebbe voluto dire se non ha fatto nessuno sforzo per rendercelo comprensibile, e per quanto sia occulto il suo messaggio, la sensazione provata dal fruitore è la vera corrispondenza tra i due soggetti interagenti. Tale ricerca potrebbe dapprima rivelarsi pericolosa poiché creerebbe nell'osservatore un falso stato di sottovalutazione delle sue possibilità, ma poi potrebbe suscitare, invece, nel creatore una pericolosa sindrome di onnipotenza che lo spingerebbe a produrre dubbie opere che non provocherebbero più nessuno stimolo se non il cercare di definirle. Anche l'arte ha un suo ordine, spesso caotico, un caos come un ordine che non si riesce a vedere, per citare Bergson; noi di questo ordine ci occuperemo a breve.

3.5 Concetto di incorniciatura sonora

Di fronte ad una produzione sonora, si presenta un aspetto bidimensionale strettamente vincolato tra la cornice di contenimento. Immaginiamo di racchiudere in quest'area per la sua estensione orizzontale, il range di frequenza, e nel suo sviluppo verticale la dinamica. Da questo possiamo riconoscere le dimensioni dell'opera, la sua grandezza, il potere dell'investimento adottato, e, probabilmente la garanzia di contenere innumerevoli dettagli che la rendono più fruibile, carica di informazioni e soprattutto elegante. Per quanto un tecnico del suono possa essere in grado di ridurre le dimensioni del quadro, è pressoché impossibile aumentarle, infatti, se il concetto è chiaro, si capisce che le potenzialità tecniche che si hanno a disposizione sono la vera intelaiatura, e sta al tecnico sfruttarne l'intera area. La dinamica di registrazione, così come il range di frequenza sono spesso dettati dalle limitazioni tecniche delle strumentazioni, o delle connessioni, e in assoluto dalla fisiologia umana. E' un concetto di primaria importanza quello di inserire nei limiti dell'ascolto ottimale una produzione sonora. All'interno di questa tela, si sviluppa virtualmente la profondità, la tridimensionalità data dal colore, le geometrie, gli ambienti, e quant'altro. E' questo l'ambito della capacità e dell'estro che ogni tecnico del suono dovrebbe, a questo punto, dimostrare di conoscere. Incorniciare significa inserire dei limiti, e questi sono certamente limiti oggettivi. Comporre nel suo interno significa invece proporre una profondità che potrebbe essere molto distante fino a perdersi, è il senso della creazione umana, perdersi nei meandri della logica e dell'emotività. Abbiamo quindi a disposizione un'arma, quella di disegnare con infinite tecniche un soggetto libero di viaggiare dentro i limiti di questa tela.

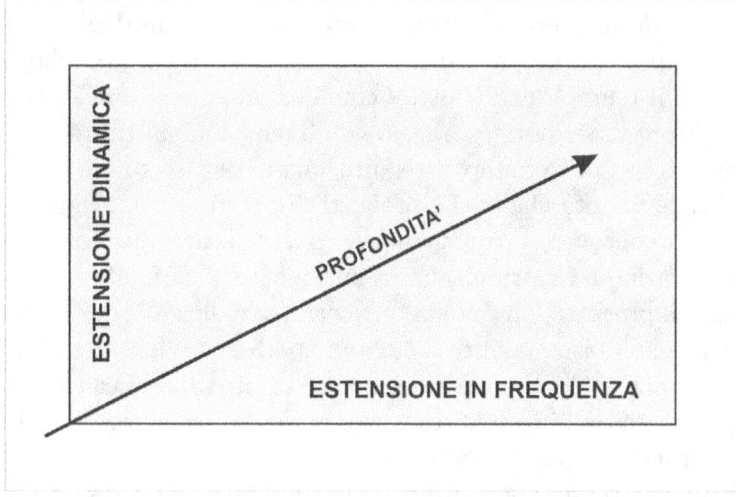

Figura 3.1: La cornice sonora

L'esperienza d'ascolto, con l'aiuto di registrazioni di buon livello, sarà un esercizio che aprirà completamente le orecchie, e farà cambiare il modo di interpretare il suono. Visualizzazioni reali e virtuali, range e dinamica, colore e armoniche, profondità e continuità dinamica, sono alcune delle voci di un ascolto avanzato, un rigoroso metodo familiare ai critici d'arte che ne riconoscono una perfetta analogia.

3.6 Considerazioni sulla visualizzazione del suono

La necessità di trasporre una dimensione sensoriale come quella dell'ascolto in un'altra relativa alla visione, smaschera le priorità in cui sono predisposte le attenzioni e gli sviluppi umani relativi all'evoluzione. E' quindi sottointeso che il prestito richiesto, risulta essere un ausilio per velocizzare la comprensione, e che, con il progredire degli studi, si estinguerà il debito identificando con la giusta adempienza lo specifico linguaggio, la terminologia e la lettura della persuasione suscitata. Va inoltre destata una certa attenzione qualora in una produzione audio si renda principale la presenza della voce, narrante o cantata che sia. La stereofonia, il tempo degli effetti, l'equalizzazione e la loro integrazione possono essere usati per separare o combinare i suoni di un missaggio. Le decisioni che porteranno a seguire un sentiero saranno guidate da una originale finalità che ci si è preposti di raggiungere, meglio dire che è necessario conoscere dove si vuole arrivare; senza questo concetto il numero di variabili contribuiranno velocemente a confondere le idee fino a dirottare il progetto lontano da una corretta realizzazione. Questo non significa che non bisogna aprirsi a nuove sperimentazioni, ma che l'esperienza del creativo debba necessariamente seguire una linea che divide la forma accettata dall'inaspettata, qualora volesse stravolgere il concetto di forma-standard.

Usiamo come esempio un dipinto e prendiamo in considerazione le sue caratteristiche guida. Davanti ad un'opera adoperiamoci ad una lettura divisa per visioni:

Visione lineare, o individuale. La composizione è espressa mediante la linea, ossia attraverso il disegno dai contorni ben evidenziati ed il colore è subordinato ad esso. Nel suono riconosciamo la linea come lo strumento nella sua singolarità, e la linea melodica che sta eseguendo.

Esso stesso si disegna definendo caratteristiche acustiche marcate e soprattutto ben distinte dagli altri strumenti in esecuzione, la loro stessa riconoscibilità è una visione lineare.

Visione pittorica, o globale. La composizione è espressa direttamente attraverso il colore, senza l'ausilio del disegno. E' la pienezza del suono all'interno della cornice, l'assicurata lavorazione che si è fatta, e che ora si ascolta completa nel suo range dinamico e di frequenza, è una visione di impatto e lascia già intuire la maestosità o meno dell'opera.

Visione superficiale, o stratificata. La composizione si sviluppa su un unico piano frontale, non contemplando la rappresentazione dello spazio. Le figure vengono definite "paratattiche" ovvero presentate frontalmente.

I nostri strumenti giacciono su quella presenza che dovremmo sforzarci di leggere cruda, priva di ambientazioni che sono veicoli per la profondità, nella presentazione frontale intercorre sia l'equalizzazione che il bilanciamento dei livelli. Nella musica italiana, la visione superficiale è sovrastata dalla voce. E' bene sperimentare come sia notevole la differenza tra i vari stili musicali e le varie nazionalità di provenienza.

Visione di profondità. La composizione si sviluppa su diversi piani e quindi lo spazio viene rappresentato. E' l'aspetto virtuale, il più condizionato dal lavoro del produttore di suono. Infatti sono le ambientazioni, gli effetti e le distanze, compresa la stereofonia, a determinarne l'efficacia.

Stabilita l'opportunità di adottarla, può far nascere delle possibilità fortemente persuasive per l'ascoltatore e spesso molto eleganti. La profondità è anche segno di maestosità di grandezza o anche di mistica.

Forma chiusa. *La composizione è organizzata rispetto ad un asse di simmetria e quindi è in sé conclusa, ha un suo equilibrio che verrebbe infranto qualora venissero sottratti o aggiunti degli elementi. E' la classica forma usata nella produzione della discografia italiana, come nell'arte fu il Rinascimento, questo asse è rappresentato dalla voce che non concede spazi se non nel farsi rincorrere o per far meditare l'appena proferito.*

E' individuabile attraverso la rigida sottomissione dei livelli degli altri strumenti e la subordinazioni delle sonorità presunte disturbatrici.

Forma aperta. *La composizione è organizzata attraverso diverse traiettorie, verticali o diagonali, e non avendo un asse di simmetria suggerisce la possibilità di poter essere continuata. E' la classica struttura del Jazz, dell'orchestra classica e della musica rock anglosassone, in cui l'interazione degli strumenti è una leale competizione di individualità sia timbriche che di presenza, pur assicurando, nelle migliori registrazioni, l'omogeneità del tutto.*

Visione a poli. *E' il tipo di composizione che ricade nel caso della forma aperta, dove non essendo presente un asse di simmetria, che coordina gli elementi in maniera organica, l'opera si configura come un insieme di episodi figurativi distinti, dei veri e propri poli, che vanno letti singolarmente.*

Ciò implica la partecipazione attiva dell'ascoltatore che deve muoversi per analizzare i vari episodi ed in seguito collegarli alla visione d'insieme, la lettura va fatta iniziando dal particolare per poi giungere al generale. E' un concetto barocco in cui gli strumenti mantengono la loro individualità rispettando una rigida posizione all'interno dell' opera, come nelle forme contrappuntistiche e negli stili classici a canone. In questo caso il tecnico del suono dovrà "inventare" forme collanti tra sorgenti che forzano nel rimanere indipendenti. Spesso è una dura lotta tra bilanciamenti e code sonore da variare con lo scorrere del pezzo.

 **Visione unita.** E' il tipo di composizione che ricade nel caso della forma chiusa, dove, come abbiamo già detto, tutti gli elementi rispondono ad un asse di simmetria determinando una visione unita. In questo caso la lettura va fatta partendo dal generale per scendere poi al particolare.

Risulta un missaggio omogeneo, pulito, come nel caso della Fusion e di tutti quei lavori in cui la sinergia degli esecutori e la tessitura salda non vogliano essere variate nonostante si tenda a conservare le loro originali particolarità, conservate al dettaglio. L'ascoltatore non fa fatica ad avere una visione unica del suono missato. Una delle caratteristiche più rilevanti che assicura questa visione, è la conservazione dinamica racchiusa in limiti molto contenuti, e per tutto lo sviluppo del prodotto rimane quasi stabile intorno ai corretti livelli strumentali, sia per suoni deboli che per suoni forti, per la gioia della radiofonia.

 **Visione chiara.** E' il tipo di composizione in cui tutti gli elementi sono definiti in maniera plastica o lineare. E' un ascolto crudo, senza tentativi di amalgamazione forzata. A questo tipo di tessitura il produttore volontariamente rende visibili i nodi che uniscono le strumentazioni in organico. Spesso è povera di effetti o ambienti dei quali se ne fa un uso quasi realistico ed ingegneristico.

E' il classico suono che si sente al missaggio nella fase di associazione delle sorgenti, in cui il fonico inizia a riconoscere i punti di legatura dei suoni.

 **Visione incerta.** E' il tipo di visione in cui tutti gli elementi hanno più un aspetto di apparenza che di sostanza, ciò avviene nella visione pittorica dove le forme sembrano dissolversi attraverso il colore perdendo la loro fisicità.

E' la caratteristica pittorica degli impressionisti. Spariscono le definizioni degli strumenti come se fossero vittime di un errore di missaggio, e spesso lo è; comunque questa tecnica di missaggio è usata in America e nel nord Europa come stile avanguardistico per esaltare, non più il *virtuosismo del singolo, piuttosto la fluidità di una musica complessiva.*

Queste visioni aiutano un ascoltatore, ormai in una fase avanzata, a scomporre l'impatto generale dell'opera. E' una tecnica che mette a nudo molti aspetti della produzione, sia di carattere denotativo che connotativo. E' questa la fase in cui il tecnico del suono varca l'impatto emotivo, ed inizia a leggere l'opera come un risultato ingegneristico, come osservare un palazzo, superando il suo aspetto decorativo e iniziando a considerare gli aspetti strutturali che lo compongono, seppur nascosti.

3.7 Lo stile di un'opera sonora

Mentre la visione ci fa leggere il posizionamento, gli equilibri e le definizioni dei suoni all'interno di un opera, lo stile ne dà una visione d'insieme, in cui i dettagli sono stati usati per portare l'ascolto ad una familiarità tipica di quel prodotto. Pur tuttavia, lo stile e la visione convivono e, nonostante gli sforzi di vederli separati, possono essere spesso confusi per la stessa cosa. Allora è bene dire, *che la visione analizza i contorni e la loro locazione nello spazio, e fanno parte di una visione a stadi, lo stile è ciò che li unisce.* Mentre nelle visioni l'analisi si fa scomponendo il prodotto in vari livelli, lo stile è uno solo, e quindi le visioni contribuiscono allo stile. Lo stile è la qualità dell'espressione che risulta dalla scelta degli elementi linguistici che un creativo ha deciso di adottare. Ma un tecnico del suono adotta uno stile? Nel caso della musica, con il suono lo stile si affina, si decora, si rende visibile, ma non può sostituirsi al linguaggio, infatti per prima cosa c'è il condizionamento della musica stessa, del compositore e di tutti gli elementi dell'esecuzione, semmai è il suono, la scelta tecnica finale ad avere uno stile non più linguistico ma legato all'ascolto. Se l'attenzione si pone proprio su questo aspetto, quello analitico dell'ascolto, possiamo riconoscere i diversi stili che emergono tra modi diversi di produrre suono, dipendenti dalla personalità del tecnico, dalla locazione geografica di destinazione del prodotto, e dall'ausilio che il genere di musica chiede alla tecnica per accentuare la sua identità. Un primo esempio, e il più familiare nella concezione del missaggio in Italia, è quello che pone il solista, con tanto di edulcorazioni, al centro di tutto il prospetto sonoro, come se fosse una luce che per sua volontà può illuminare tutto il resto. Si tratta di uno stile plastico, ben modellato e geometricamente rigido, gli strumenti di un missaggio rimangono ben organizzati e controllati nelle loro dinamiche, non vogliono confondersi con la luce, spesso ne deriva una sensazione di soddisfazione dovuta al bel confezionamento del prodotto, che seppur intriso di riverberazioni artificiali, rimane sempre ordinato. Del tutto opposto, invece, è lo stile lineare, dove quei contorni conservati nella visione lineare, rimangono intatti, separati, senza nessuna prevalenza. Si lavora molto sull'estensione in frequenza dei singoli strumenti e del missaggio generale, sulla riproduzione delle armoniche, che danno colore, e sulla ambientazione degli strumenti non per effetto me per renderli eleganti. E' uno stile molto ricercato negli Stati Uniti dai migliori studi e dai migliori fonici, ma non mancano tendenze simili in Europa, e soprattutto in Inghilterra per la musica ritenuta di larga commercializzazione. Da questi estremi stilistici, c'è l'infinita varietà delle vie di mezzo. Riconoscere uno stile di *"sound"*, è un avanzamento che renderà chiaro il motivo perché si ingaggino alcuni tecnici del suono per alcuni tipi di musica e addirittura alcuni studi di registrazione o di mastering dal tipico suono, costante nelle varie produzioni. Spesso lo stile, per antonomasia, si associa al nome del tecnico del suono, o al gruppo, o alla nazione di provenienza. Quello che noi chiamiamo stile, in gergo viene chiamato *"sound"*. Gli stili sono infiniti, e infinite sono le forme per ottenerli. Individuare uno stile è impresa ardua: in effetti lo stile si avverte, ma analizzarlo è tutt'altra cosa. E' come la facilità di riconoscere una persona, e poi avere la pretesa di catalogare le sue caratteristiche fisionomiche per comporne un identikit. Possiamo dire, nel nostro caso, che le caratteristiche più importanti che determinano uno stile di registrazione sono individuabili nel collante che unisce le dinamiche, i range di frequenza, il bilanciamento e l'ambiente reale o virtuale in cui il tutto si immerge. Si può a questo punto capire come il rapporto tra questi elementi sia soggetto a infinite soluzioni, e che nel complesso della sonorità, risulti una nuova identità sonora. Un buon esercizio è quello di confrontare due produzioni di cantautori di diversa provenienza, che nonostante le stesse caratteristiche compositive, risultano all'ascolto diverse nella loro sonorità. Più avanti si parlerà di know-how, e lo stile è la più evidente manifestazione di esso. Il tecnico del suono dapprima tende ad adeguarsi a stili imposti dalla discografia che tratta, poi personalizza, acquisendo esperienza, delle sue particolari variazioni che tecnicamente si ottengono con creazioni e dosi di code sonore, compressioni, effetti ed equalizzazioni, oltre che, quando è concesso, uno stretto rapporto con l'arrangiamento musicale. Lo stile, in conclusione, è tutto da creare, è un'altra delle caratteristiche per le quali la corretta conoscenza tecnica, per quanto d'aiuto, non è sufficiente. Un buon ascoltatore sa riconoscere gli stili. Nel corso dei prossimi capitoli, si intuirà con più chiarezza quali sono gli elementi che caratterizzano uno stile, si manifesterà un legame tra la tecnica e il prodotto che a giudicare da queste pagine può sembrare esageratamente teoretizzato, invece è proprio così, anche per quelli che finora ne hanno ingenuamente fatto a meno.

3.8 Lo spazio e la prospettiva sonora

Per facilitare la comprensione dello spazio è necessario intenderlo come un ambito nel quale possono accadere eventi. Iniziamo col considerare uno spazio limitato, in cui sono possibili degli spostamenti. L'evento sonoro, invece, va racchiuso necessariamente in un limite temporale e questo limite è nel tempo in cui l'evento si sviluppa. L'inscindibile relazione tra spazio e tempo porta ad analizzare il suono come elemento contingente, che lascia chiari effetti nella nostra mente, ma che per essere analizzato richiede spesso più d'un ascolto. Ad esempio, se ascoltiamo un brano musicale registrato che consideriamo emozionante, anche ripetendolo suscita in noi tendenzialmente le stesse emozioni. Questa catarsi (dal greco Katharsis = espiazione, purificazione nel coinvolgimento) conferma che la risultanza di quello che ascoltiamo, è dovuta strettamente al momento dell'ascolto, con ridotto effetto degli eventi precedenti. Una breve parentesi va dedicata al termine "momento", dal latino momentum = l'istante in cui si riconosce uno spostamento. Il termine tempo è invece più indefinito, astratto e illimitato. Lo spazio è percepibile grazie ai quei fenomeni acustici (che si sviluppano comunque nel tempo), come riflessioni e riverberazione, che si aggiungono alla sorgente e che, una volta individuati nel loro spazio evolutivo, porteranno a definirne spazialità, ossia l'aspetto geometrico dello spazio che si svincola dal tempo, e che permette all'ascoltatore la collocazione dimensionale delle sorgenti sonore. Mentre lo spazio è una coordinata reale nell'ascolto, la spazialità può essere registrata o ricreata virtualmente. E' molto importante delegare alla spazialità alcune caratteristiche che cominciano ad essere rilevanti al fine di una produzione, modellandone anche uno stile. La spazialità si crea con le prospettive, con gli ambienti, con la diffusione separata come la stereofonia, e con effetti artificiali.

Nell'immagine riportata di seguito sono descritte le qualità che contribuiscono a formare nella mente un'immagine uditiva dipendentemente l'una dall'altra.

Ognuna di queste caratteristiche è nominata in base all'esperienza di ascolto fatta e analizzata per anni da esperti del settore. L'uso, quindi, di tali aggettivi è da abbinarsi singolarmente alle particolari analisi fatte per ogni sua caratteristica. Riconoscerle prima ed interrazionarle poi è un esercizio che man mano configura un'immagine che abbiamo chiamato uditiva, ma che di per sè ha a che fare con la spazialità e l'ambiente in cui siamo immersi.

Figura 3.2: L'immagine uditiva

Il trattamento della spazialità permette, con varie dosi di efficacia, di ottenere:

- *Temporalizzazione*: Vale a dire una collocazione nel tempo: vicino, lontano o senza tempo. Ad esempio un suono asciutto, senza riverberazione, è più nel presente, mentre quello intriso di riverbero si allontana nel passato. Quindi attraverso una complicata procedura virtuale applicata alla spazialità si ottiene un effetto percettivo che invece interessa il tempo. Quando in ascolto si riconosce questa caratteristica è buon esercizio capire come ci si è arrivati.

- *Simbolismo*: Può il suono simboleggiare? Ovviamente no, anche questo è un'attività che lasciamo fare al cervello su nostra provocazione. Si dà per assunto che una voce ancestrale sia immersa in un elegante e lungo tempo di riverberazione, oppure che una voce aspra sia tipica di un sentenziatore, oppure, come al cinema, una voce in un flash-back sia processata con un delay stretto e un riverbero intenso a coda corta. Ma chi ci ha detto che a questi suoni sono legati dei simboli? Un insieme di cause tecnico-storiche, e i condizionamenti dovuti alle esperienze d'ascolto prenatali, unite ad un evidente efficacia empirica omologano questo legame causa-effetto.

- *Comunicazione*: Già capire l'opportunità o meno di un effetto, o di un tentativo di modifica di un suono, è comunicazione. Chi ha lavorato ai fini dell'ascolto, come il tecnico del suono, non deve necessariamente comunicare, ma deve far in modo di evidenziare il contenuto quando è necessario secondo il creativo. La neutralità del fonico non preclude affatto la sua capacità di adoperarsi negli aspetti tecnici (diremmo estetici) secondo un proprio personale gusto. In fase d'ascolto è bene dividere quella comunicazione che trasporta il messaggio, da quella comunicazione che rende emotivo ed efficace il messaggio stesso, in questa seconda attività il tecnico del suono si cimenta.

- *Illusione della realtà*: Non tutte le operazioni sul suono devono necessariamente essere riconducibili alla realtà. Molti effetti, spesso innaturali, aiutano nel trasporto verso una giusta espressione del prodotto. Laddove tutto questo è consentito, il tecnico può sbizzarrirsi con un'illimitata quantità di parametri, a volte davvero originali, che aiutano l'ascoltatore a separarsi dalla staticità del suono verso dimensioni più estese.

Riassumendo possiamo dire che la visione spaziale di un prodotto si costruisce per gli scopi appena citati, ma si differenzia dal vero e proprio trattamento d'ambiente che resta vincolato alla naturalità dei suoni e alla prospettiva che li pone in piani differenti attraverso la dosatura dei livelli e dei collanti, che ne assicurano la generale omogenia. In seguito saranno descritte le diverse elaborazioni del suono per attribuire ad un prodotto ognuna di queste peculiarità.

3.9 Il colore

Il colore è la pasta sonora generale, vista nella sua risultante, globalmente, è il gusto medio percepito nella visione d'insieme. Le sfumature di colore, sono importanti perché si scende nel dettaglio, nel raffinato, nel distinguere dalla grossolanità le sottigliezze. Il colore del suono dipende dalla composizione spettrale. Ma che colore ha il suono? Il suono è una risultanza, tanto è vero che se ascoltiamo un suono sinusoidale puro, con tutta l'immaginazione possibile, ci resta difficile interpretarlo come un colore, percependone l'assoluta neutralità, il grigiore. Iniziamo a delimitare il colore analizzandone la sua estensione in frequenza. Per il concetto già descritto di incorniciatura, la tela, lo spazio disegnabile, ossia il nostro arcobaleno, è identificabile nel range da 20 a 20000 Hz (circa). Il suono assume delle colorazioni complessive in base alle accentuazioni e attenuazioni delle curva di distribuzione spettrale sul lungo termine, ma non basta, il colore riesce a dare un carattere alla produzione: la sua tonalità prominente è una delle scelte stilistiche più importanti nella fase di mastering e ottimizzazione. Spesso si sente dire, "poi la curva si rifà", ossia si rimanda ad una delle ultime fasi l'impostazione timbrica generale. E' un'abitudine rischiosa: se non si è missato in funzione di quella curva, si perderanno, con l'attenuazione successiva, importanti elementi di incastro, oltre che la manomissione della sonorità generale con esiti imprevedibili. Quindi è buona norma già impostare il più possibile la personalità timbrica del mix fin dall'inizio. Un buon ascoltatore potrebbe riconoscere l'effetto della masterizzazione nel forzato contenimento di alcune frequenze, ed è un intervento spesso ingiustificabile, come se un tecnico di mastering fosse giudice e boia, tagliando teste a suo giudizio. Questo è uno dei motivi per il quale lo stesso produttore si rivolge a laboratori di masterizzazione diversi in base al prodotto da confezionare.

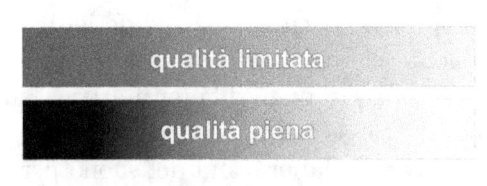

Figura 3.3: Differenza di qualità

Torniamo al colore. Gli aggettivi più usati da un ascoltatore per indicare il colore sono *chiaro e scuro*, infatti il colore del suono è giudicato nel suo complesso attraverso la sua luminosità, chiara se ricca di alte frequenze e scura se la sua predominanza è di frequenze più basse. C'è una motivazione a tutto questo. Quando si è parlato di incorniciatura, il range di frequenza non era altro che la dimensione orizzontale della cornice, ed è ancora giusto se d'ora in poi consideriamo il colore come il risultato dei punti intermedi. Superata questa visione di impatto in cui chiaro e scuro riguardano fasce larghe di frequenza, le sfumature non riguardano le frequenze intermedie, come saremmo indotti a pensare, piuttosto interessano la capacità di riproduzione delle componenti a bassa intensità su tutto lo spettro che, se conservate, consentono il microfrastagliamento dell'onda trasportandone correttamente il "timbro". Questa caratteristica di colore potremmo chiamarla *Pienezza della chiarezza tonale* (fullness of tone clarity) strettamente vincolata a elementi che vanno a contribuire a questa complessiva definizione:

- Tempo di riverberazione.

- Rapporto dei livelli di suono diretto e suono riverberato.

- Velocità dell'esecuzione musicale.

Mentre il timbro e il colore generale dipendono da:

- Ricchezza di basse frequenze

- Ricchezza di alte frequenze

- Distorsione armonica

- Tessitura

- Bilanciamento e amalgama

- Diffusione

- Attacco

3.10 La luce

Un frate domenicano disse che il mistero è una cosa oscura in sé ma che illumina tutto il resto. Questo aforisma potrebbe essere adatto al suono che nonostante sia invisibile può emanare così tanta luce. Rimane solo da capire cosa c'entra il mistero in tutto questo. La sensazione che il suono provoca è una forma misteriosa di persuasione, ma il nostro punto di partenza è che la produzione sonora la si ascolta con istinto, ma la si deve realizzare con raziocinio e gusto. Non è usuale riscontrare nel pubblico, nei fruitori finali della produzione sonora, un ascolto professionale, analitico. E' qui il mistero, quello di essere consapevoli che la produzione musicale o sonora in genere può continuare a nascere anche senza dei pretenziosi ascoltatori, e in fondo anche la televisione e il cinema continuano a produrre ignorando i critici. Il punto è che mentre il pubblico in genere ha difficoltà ad identificare le cause della bontà o della inadeguatezza di un prodotto, il tecnico dev'essere in grado di intercettare queste cause e di operare su di esse per dare al pubblico un prodotto migliore, bilanciando tra l'altro le esigenze e le aspettative del committente, di sé stesso, del fruitore finale di oggi e di domani. La paura è che l'istinto e la buona tecnica non bastino più! Infatti la buona critica avvalora ed evolve una disciplina al punto di portarla, per la sfortuna di alcuni, allo scoperto. E' questa la definizione di luce, ossia: *la trasparenza di una produzione nell'essere quel che si voleva che fosse.*

3.11 La punteggiatura sonora

Nelle pratica di ascolto in cui si è progredito finora, si è sempre puntualizzata una particolare attenzione alla continuità del suono. La continuità corrisponde al coerente sviluppo della dinamica, della curva di frequenza generale e dalla generale atmosfera che attraverso lo stile si è cercato di personalizzare. Un pratico riscontro della continuità è assicurato dall'ascoltare due frammenti in tempi diversi dello stesso brano e verificarne la loro identità congiunta. Questo implica che anche in fase di missaggio si sia già pensato all'omogenia del lavoro. La qualità di un prodotto sonoro, nel mantenere la sua continuità, deve però conservare una caratteristica indispensabile alla sua stessa comunicabilità e a quella del messaggio da recapitare: *la punteggiatura.* Per quanto la punteggiatura possa essere strettamente dipendente dalla composizione, nel caso della musica, e dalla recitazione, nel caso del parlato, conserva una sua autonomia soprattutto nella gestione delle code sonore. Ci sono varie forme per costruire la punteggiatura, ma possiamo riassumerle in due grandi blocchi usando in prestito termini dalla grammatica italiana:

- Per *asindeto* in cui ogni suono delinea una sua particolare caratteristica architettonica e quindi la sua coda sonora non è usata in funzione di legatura con i suoni successivi. E' come se si usasse una virgola per ognuna delle voci da elencare. Questo tipo di punteggiatura è spesso usata su suoni impulsivi come la batteria, o a note corte, oppure al finire di un cantato per interrompere bruscamente la coda della voce per aprire ad una nuova strofa senza residui della precedente. Si direbbe un punto, o meglio un volta pagina.

- Per *polisindeto*, invece, il legame si fa forte ed ha funzione di congiungere, come se si aggiungesse una 'e'. Le code sonore quindi si lasciano cadere nella loro naturale evoluzione e legano con i suoni successivi costruendo una saldatura non sempre facile da gestire.

Come in una struttura grammaticale, strumenti come la troncatura, l'elisione e l'accento, possono essere riprodotti in fase di costruzione sonora. Riconoscere in un prodotto sonoro una grammatica di componimento, è caratteristica di raffinati e sensibili ascoltatori che sapranno dosare code, compressioni, flangers eccetera a servizio di una lettura scorrevole ed elegante dell'intera opera. Un esempio per tutti: si usa il reverse gate, una sorta di riverbero troncato al contrario della sua naturale decadenza, come un tipico effetto di chiusura violenta. E' un virtuosismo noto che nella prassi del suo essere adottato, rappresenta una ormai consolidata caratteristica espressiva, tanto da essere preprogrammata dalle case costruttrici nei multieffetti. Inutile dire che le combinazioni per generare la punteggiatura sono infinite. Finiti sono invece i tecnici che riconoscono il valore aggiunto di questa caratteristica che purtroppo si sta perdendo anche nella lingua parlata.

3.12 Suono e rumore

Abbiamo precedentemente visto come il rumore sia considerato oggettivamente come un'irregolarità nella successione dei suoni, e soggettivamente invece come un agente fastidioso, inopportuno e indesiderato. Ma se dovessimo considerare il rumore in relazione al suono complessivo di una produzione sonora, dobbiamo esercitarci nel fare diverse classificazioni:

A *La sua natura.* E' l'esercizio di individuare la sua provenienza, e se poteva essere evitato o meno, di riconoscerne lo spettro, l'intensità e la presenza continua oppure occasionale.

B *Il rapporto con il segnale utile.* Equivale a definirne la sua invadenza, se compete con il segnale utile sia in intensità, che in frequenza, che in continuità. Osserviamo che sebbene il rumore per definizione debba essere indipendente dal segnale utile (altrimenti è detto "distorsione"), percettivamente i due segnali interagiscono.

C *L'opportunità o meno della sua esistenza.* In molti casi il rumore non voluto può essere contestuale all'ambientazione o all'atmosfera in cui si sta operando. Esempio: in una ripresa in strada, un fondo traffico può non disturbare, al contrario, in una scena di un film storico ambientato nell'antica Roma, il traffico non sarebbe di certo opportuno.

D *Come è stato confuso.* Una volta in possesso del rumore, dobbiamo analizzare come sia stato usato all'interno della registrazione generale, se abilmente miscelato, equalizzato o mascherato. In alcuni casi il rumore può addirittura diventare un elemento connotativo.

Queste sono tecniche molto usate nel montaggio della presa diretta cinematografica e televisiva, in quanto molto spesso le riprese esterne sono inquinate da rumori poco desiderati.

Capitolo 3. L'ascolto avanzato

> **Processo analitico "Soundscape" di Murray Schafer.**
> È una teoria molto seguita che disegna gli ambienti in base alla peculiarità dei suoni residenti in essi:
>
> - Toniche: Rumori o suoni continui intrinsechi all'ambiente.
> - Segnali: Rumore occasionale ma contestuale all'ambiente.
> - Impronta: Valori unici di presenza sonora.

Il rumore, può anche avere una funzione linguistica che, in tal caso, si distacca volontariamente dalla consonanza della musica.

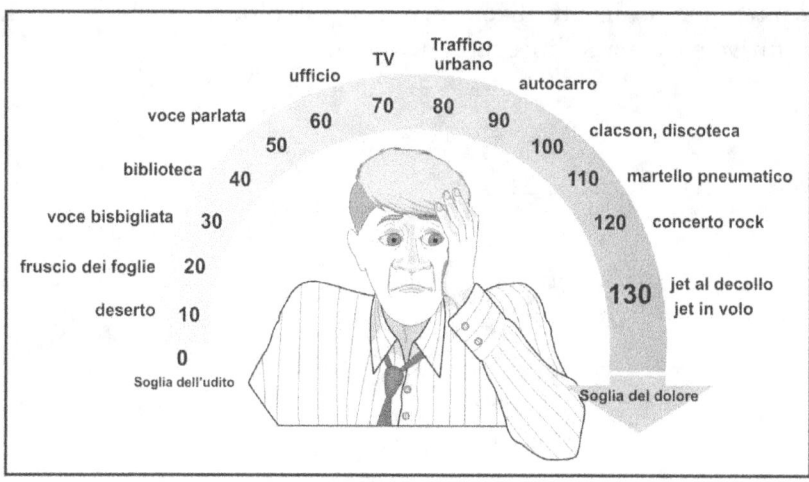

Figura 3.4: Le rumorosità - valori in Decibel(dB)

3.13 L'ascolto e la musica

L'ascolto di musica è un esercizio distensivo, emozionale e piacevole. Ma come è possibile ottenere questi stimoli? Ci sono dei trucchi, se così si possono chiamare. Risolto il motivo dell'uso degli organici, delle melodie, delle armonie e delle esecuzioni, si arriva al missaggio, ovviamente dopo una corretta registrazione. A questo punto mettiamoci dalla parte dell'ascoltatore. Egli, molto spesso non è assolutamente interessato a capire a fondo né l'identità dello strumento, né tantomeno il virtuosismo dell'esecutore. Egli necessita del vento emozionale fatto di musica e liriche che il prodotto riesce a portare tramite il suono alla sua comprensione. Questa è il sostanziale passaggio che ci interessa per garantire il massimo godimento nella fruizione finale, e che dovrebbe tenere in considerazione contemporaneamente diversi livelli di ascoltatori in base alle loro aspettative e capacità di leggere un'opera.

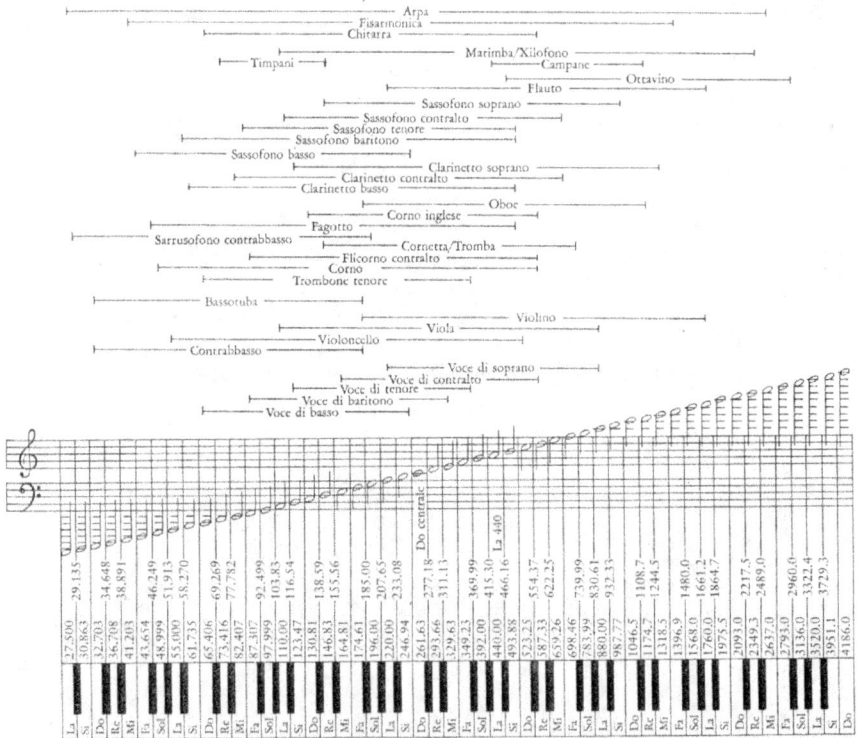

Figura 3.5: Estensioni degli strumenti musicali

La Musica è creazione mentale del compositore, riproduzione mediante strumentisti e strumenti (sorgenti sonore vere e proprie), acustica dell'ambiente e capacità dell'ascoltatore di natura fisiologiche, culturali, psicologiche, emotive. La musica riprodotta rompe la catena introducendo elementi artificiali che si devono rendere trasparenti, o addirittura potenzianti l'effetto finale. La semiotica musicale e la trattazione linguistica della musica si differenziano dall'esercizio dell'ascolto professionale per via del metodo. L'approccio di un ascoltatore musicale non prevede la lettura a blocchi di "ingredienti", semmai si limita al riconoscimento degli organici e alle tecniche compositive che strutturano il brano. La scomposizione degli "ingredienti" impegna l'ascoltatore analitico per riconoscere quali strumenti e quali trattamenti hanno omogeneizzato il risultato finale, proprio come un piatto di cucina. Adottiamo un metodo a stadi, uno dei tanti possibili, per iniziare a dare la giusta attenzione e il giusto nome a queste componenti:

Le sorgenti sonore possono essere:

- *Idiofoni:* In essi vibra tutto lo strumento, possono essere lignei o metallici, sono particolarmente ricchi di armoniche, e vanno saputi interpretare nella loro diffusione, in quanto hanno la particolarità di essere un insieme di suono percosso e coda. (piatti, campana, triangolo).

- *Membranofoni:* Vibrano le membrane tese. E' il caso di tutti i tamburi, per i quali, la qualità del suono, è data dal tipo di pelli, di plastiche e quant'altro. Nella maggior parte dei casi si tratta di strumenti a percussione, e quindi, come nel caso degli idiofoni, si distinguono chiaramente transiente d'attacco e coda sonora.

- *Cordofoni:* Si realizzano mediante corde tese, eccitate con arco o pizzicate o percosse. Sono strumenti indicati per l'esecuzione delle melodie in quanto possono tenere note lunghe e a varie intensità. Il timbro li distingue e hanno una componente spettrale piuttosto estesa.

- *Aerofoni:* Sono strumenti che mettono in vibrazione continua una colonna d'aria rinchiusa in una struttura che agisce da risuonatore. La colonna d'aria vibrante può essere eccitata da un meccanismo di anima (aria tagliata da una lama, generando rumore) o ad ancia (superfici semirigide che sbattono tra loro). In base al materiale costruttivo principale che li costituisce possono distinguersi in legni e in ottoni.

- *Elettrofoni:* Sono tutti gli strumenti che generano suono in base ad un meccanismo elettronico ed è in grado di creare nuove sonorità, mai ascoltate prima.

- *Voci:* La voce è uno strumento che necessiterebbe di un capitolo a parte, ma per ora ci limitiamo a classificarne i tipi in base alla loro estensione in frequenza. Si dividono in basso, baritono, tenore, contralto, mezzo soprano e soprano. Poi esistono le voci bianche, le castrate (tradizione non più in uso!), e i contraltisti. Le voci possono anche dividersi in soliste o corali.

Un qualsiasi testo di musica, anche a livello elementare, riporta la classificazione e la lista degli strumenti conosciuti. Nelle prime lezioni di ascolto si può notare come un allievo abbia difficoltà a riconoscere lo strumento e a determinarne le caratteristiche di emissione; invece, è molto importante riconoscere la sorgente e le proprie peculiarità. Lo strumento musicale possiede caratteristiche sonore che il fonico, dapprima riconoscendole, e poi analizzandole, userà nella sua tessitura per presentarli all'ascolto al giusto posto e soprattutto non dissipando le sue singolarità. La lettura di uno strumento singolo va eseguita secondo queste caratteristiche:

- *Spettro di frequenza:* relativa al range di frequenza che copre la sorgente, o la singola emissione.

- *Dinamica:* le variazioni di energia vibratoria che sviluppa, e soprattutto il riconoscimento degli estremi dinamici utili dell'emissione.

- *Variazione timbrica:* la vera identità delle singole sorgenti, la ricchezza delle sfumature e della gradevolezza del suono: è come imparare a leggere la sua impronta digitale.

- *La diffusione nell'ambiente:* il grado di inserimento nell'ambiente di emissione e le forme di arricchimento del suono originale non più generate dalla sorgente, ma dalla sua locazione.

- *Caratteristiche architettoniche:* è la caratteristica legata all'individuazione dello strumento nell'ambiente in cui esegue, riconoscendo gli spazi architettonici e la lunghezza e il tipo delle riflessioni.

Alcuni strumenti e le loro caratteristiche di banda.

- **Violino** da 196 a 2100 Hz, armoniche sopra i 10k, calore a 240, corda a 2,5k, attacco tra 7 e 10k.
- **Contrabasso** da 41 a 260 armoniche a 8k, pienezza da 80 a 100, corpo a 200, corde a 2,5k.
- **Chitarra acustica** da 41 a 1175, armoniche sopra i 12k, calore a 240, chiarezza da 2 a 5k, attacco fino a 3,5.
- **Chitarra elettrica** da 80 a 1570, armoniche sopra i 5k, pienezza a 240, calore a 400, corda a 2,5k.
- **Tromba** da 160 a 1175, armoniche sopra i 15k, pienezza 120 a 240, campana 5k, attacco a 8k.
- **Pianoforte** da 27 a 4200, armoniche sopra i 13k, calore a 120, chiarezza da 2,5k a 4k, attacco a 8k.
- **Flauto** da 587 a 4200, armoniche a 10k, calore a 500 a 700, fiato a 3.2k, aria a 6k.
- **Tuba** da 29 a 440, armoniche sopra i 1,8k, pienezza a 80hz, risonanza 500hz, taglio a 1,2K.
- **Oboe** da 247 a 1400, armoniche sopra i 12k, corpo a 300, risonanza a 1,2k, attacco a 4,5k.
- **Clarinetto** da 147 a 1570, armoniche sopra i 4k, campana a 300, armoniche 2,5k, aria a 5,2k.
- **Timpani** da 73 a 130, armoniche a 4k, calore a 90, attacco a 2k, aria a 4,5k.
- **Basso elettrico** da 82 a 520, armoniche a 8k, corpo a 80, calore 300, corda a 2,5k.
- **Viola** da 130 a 1050, armoniche a 8k fino a 10k, pienezza a 80, calore a 300, corda a 2,5k.
- **Cassa di batteria** estesa, armoniche sopra i 4k, corpo a 120, scatola a 400, taglio a 3k.

- **Rullante** esteso, armoniche sui 8k, corpo a 120 e 240, scatola a 400, cordiera 2,5k.

- **Piatti** estesi, armoniche sui 10k, campana a 220, chiarezza a 7,5, aria a 10k.

- **Tom** estesi, armoniche sopra i 3,5k, pienezza a 120, taglio a 5k.

Quando invece si ascoltano più strumenti, dobbiamo aggiungere al riconoscimento di quelle caratteristiche gli elementi che, per quanto siano familiari alla terminologia musicale, impegnano l'ascoltatore in un'analisi non sempre immediata e chiara:

- **Le esecuzioni** sono le differenze relative alla fase storica, politica, culturale, tecnica e rappresentativa.

- **Gli organici** sono la totalità degli strumenti che partecipano alla diffusione, per un tecnico del suono è importante riconoscerli.

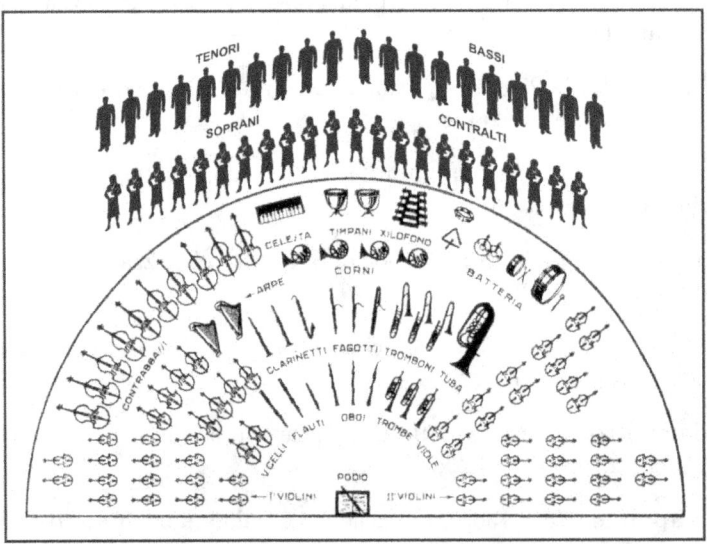

Figura 3.6: Disposizione orchestrale più comune

- **Ambienti** sono le locazioni in cui è riconosciuta l'esecuzione, e se può essere ritenuta adeguata a quella performance (stile del brano, stile dell'esecuzione).(Teatro, arena, camera, chiesa ecc.)

Figura 3.7: Ambiente di esecuzione

Da qui in poi, la terminologia di un tecnico deve necessariamente adeguarsi a quella musicale, per descrivere l'andamento dell'esecuzione e a quale tecnica ci si sta riferendo. Definiamo:

- **Melodia** Una successione di suoni di senso compiuto. E' la "dimensione orizzontale" (nel senso dello scorrere del tempo) della musica.

- **Armonia** Combinazione simultanea di due o più suoni. E' la "dimensione verticale" della musica. Consonanza, intervallo o accordo che produce una sensazione uditiva gradevole.

Figura 3.8: Visualizzazione di melodia-armonia.

- **Dissonanza:** E' una qualità sgradevole di un intervallo o accordo. Produce un effetto di tensione.

- **Cacofonia:** Dal Greco "cattivo suono" indicherebbe qualsiasi successione di suoni che non risponda alle regole della consonanza, e, quindi, dell'armonia. In pratica, questo significherebbe che qualsiasi composizione che non obbedisce a tali regole sia 'cacofonica'. Nella musica del Novecento, che non segue l'armonia classica, il termine, di conseguenza, non ha senso alcuno.

- **Motivo:** Tema musicale semplice ben caratterizzato ritmicamente e/o melodicamente.

- **Frase:** Parte del discorso musicale equiparabile alla "proposizione" del discorso verbale, vista come parte di una sezione più ampia detta "periodo". A sua volta può essere suddivisa in due o più "semifrasi".

- **Periodo:** In analogia con il linguaggio parlato, sezione di un brano musicale avente senso compiuto. Viene solitamente suddiviso in più frasi musicali.

> Quello che viene chiamato **flusso uditivo** è la sequenza di una melodia oscillante in cui si identifica nella lettura orizzontale la tessitura e in quella verticale il tempo.

Teoria di Helmoltz: Un intervallo è consonante quando le due note che lo formano hanno in comune uno o più armonici, quindi in linea di massima più ne hanno e più sono consonanti.

Contrappunto: Dal latino "punctum contra punctum" (cioè "nota contro nota"), è l'arte di sovrapporre due o più linee melodiche. Storicamente la nascita del contrappunto è connessa a quella della polifonia, nata dalla pratica medievale di sovrapporre ad una melodia detta "canto dato" o "tenor" (di solito un canto gregoriano a note lunghe) un'altra melodia (in generale ad essa estranea) di valori ritmici uguali o più brevi.

Forme comuni di esecuzione:

- **Canone:** Artificio contrappuntistico che può essere realizzato da due (o più) voci consistente nel far cominciare l'esposizione di una determinata melodia nella prima voce (detta "antecedente") e farla seguire, dopo un certo intervallo di tempo, dall'esposizione della stessa melodia, eventualmente modificata (ad esempio tramite trasposizioni o inversioni, da cui i nomi di "canone all'ottava", "canone alla quinta", "canone inverso", ecc.) nella seconda voce (detta "conseguente").

- **Fuga:** Forma musicale contrappuntistica derivata dal canone (a 2, 3, 4, ecc. voci) basata su un unico tema, detto "soggetto" della fuga (anche se esistono fughe a più soggetti...). Strutturalmente possiamo suddividerla in tre momenti: esposizione, svolgimento e stretti. Nell'esposizione (unica sezione effettivamente riscontrabile in tutti gli autori) il soggetto viene esposto in sequenza da ciascuna delle voci (si parla di "entrate del soggetto"), ogni volta accompagnato da un altro tema (detto "controsoggetto"). Nello svolgimento il soggetto viene riproposto in maniera variata (trasposto, cambiato di modo ecc..) alternando queste riproposizioni con brevi episodi detti "divertimenti" che attingono il materiale tematico dallo stesso soggetto o dal controsoggetto. Infine nello stretto il soggetto viene riesposto più volte dalle varie voci come nell'esposizione iniziale ma con entrate sempre più ravvicinate ossia senza attendere che una voce abbia finito di esporre tutto il soggetto (appunto "stringendo"...) fino alla cadenza finale.

Forme più comuni basate sulla danza:

- **Suite** Composizione strumentale barocca consistente in una successione di danze stilizzate di uguale tonalità.

- **Allemanda** di origine probabilmente tedesca di carattere processionale di tempo pari e moderato.

- **Corrente** italiana e francese in tempo binario o ternario di carattere vivace.

- **Sarabanda** spagnola (probabilmente di origine orientale) in tempo ternario solenne e nobile.

- **Giga** di origine inglese o irlandese, è in tempo ternario e veloce. Normalmente costituisce l'ultimo tempo di una suite strumentale.

- **Minuetto** francese in 3/4 di origine popolaresca. Introdotta da Lully alla corte di Luigi XIV, sostituì la corrente e la pavana. Haydn la impose come terzo e penultimo tempo della sinfonia mentre Beethoven la trasformò in scherzo rendendola ancora più vivace.

- **Ciaccona** spagnola del XVII sec in tempo ternario. Inizialmente di carattere vivace, in Francia divenne un'austera danza di corte.

- **Passacaglia** spagnola, affine alla ciaccona, consiste in variazioni su un basso ostinato.

Forme musicali strumentali:

- **Rondò** nord-italiana, è solitamente a schema ternario, da camera.

- **Sonata** Termine che indica, al variare del periodo storico, differenti tipi di composizioni strumentali.

- **Sinfonia** Composizione musicale per orchestra.

- **Concerto** Composizione per complesso di strumentisti uno o alcuni dei quali intervengono come solisti mentre gli altri agiscono come gruppo collettivo.

- **Ouverture** Composizione musicale con funzione introduttiva.

- **Alborada** Melodia popolare della Galizia spagnola per soli strumenti.

Forme basate sul canto:

- **Air de cour** ("Aria di corte") Composizione in forma strofica per una o più voci accompagnate dal liuto.

- **Alba** Componimento poetico provenzale amoroso.

- **Anthem** Composizione corale su testo sacro in lingua inglese in uso presso la chiesa anglicana.

- **Antifona** Solitamente nella liturgia cristiana indica il canto a cori alterni di un salmo.

- **Aria** Composizione per voce solista con accompagnamento strumentale.

- **Recitativo** Narrazione drammatica cantata.

- **Lied** Termine che designa varie espressioni poetico-musicali tedesche di carattere lirico o narrativo.

- **Composizione** di struttura strofica che per lo più è intonata dal canto ma può essere anche esclusivamente strumentale.

- **"a cappella"** locuzione che indica le composizioni polifoniche sacre prive di accompagnamento strumentale, eseguite in origine nelle cappelle delle chiese.

Forme Religiose:

- **Generica** Musica che si ispira genericamente alle scritture o alla liturgia sacre. Esempio: gli oratori.

- **Sacra** Musica religiosa composta per la celebrazione del culto divino (non necessariamente liturgica), dotata di forme opportune stabilite dalle autorità ecclesiastiche. Esempio: la polifonia antica e moderna.

- **Liturgica** Musica sacra adatta per forme e contenuti particolari all'accompagnamento della liturgia. Se vocale, ha testo tratto dalla liturgia stessa o dalle sacre scritture. Esempio: il canto gregoriano.

- **Ambrosiano** (da S.Ambrogio), Aquileiese, Romano antico, e Beneventano in Italia.

- **Gallicano** in Gallia.

- **Mozarabico** in Spagna.

- **Gregoriano** prende il nome da Papa Gregorio Magno che ne curò l'archiviazione e la scrittura e riassume tutti i precedenti.

- **Bizantino** a Costantinopoli (Bisanzio).

Capitolo 3. L'ascolto avanzato

Espressioni musicali comuni:

- *Pezzo:* è inteso gergalmente come un'intera canzone che fa parte di un disco o di una serie di composizioni, un frammento indipendente di una singola opera.

- *jingle:* breve motivo musicale o un semplice segnale che come caratteristica ha la sua facile memorizzazione. Molto usato nella televisione.

- *Refrain:* Seppur nel suo significato classico, è una ripetizione del ritornello, nella discografia ha assunto il significato di una parte del brano musicale che riassume l'intera caratteristica. Solitamente è la parte tra un ritornello, una strofa e un'altro ritornello sfumato.

- *Brano:* sinonimia di pezzo, per quanto può assumere un valore maggiore non essendo legato all'intera struttura di un disco.

- *Demo:* Brano premixato usato per far ascoltare la fase del lavoro.

- *Muzak:* Musica di accompagnamento in supermercati, ascensori ecc.

Canzone

Nel linguaggio moderno, si usa spesso dire canzone in riferimento ad una composizione musicale a struttura strofica, con la chiara riconducibilità, alla comunione tra poesia e musica.

In effetti il primo uso del termine è proprio Dantesco che ne parla nel *De vulgari eloquentia* distinguendolo per la sua facile cantabilità. Ma il vero inizio della canzone, così come la interpretiamo oggi, si fa risalire a Cossovich e Cottrau che nel 1848 scrissero la famosa Santa Lucia. La musica operistica se ne guardò bene dall'adottare questa terminologia, intesa come forma di leggerezza, e trovò uso nell'operetta, considerata appunto, di spessore culturale più leggero, così le arie d'opera, nel campo dell'operetta iniziarono a chiamarsi canzoni di musica leggera. L'evoluzione di questa musica, passa dall'uso della voce tipico dell'operetta fino alle moderne tecniche di canto, conservando pursempre il requisito della predominanza del testo lirico.

Per approfondimento culturale, possiamo dire che nella grecia antica si considerava il canto, espresso attraverso la letteratura e il teatro nei seguenti modi:

EPICO	LIRICO	DRAMMATICO
trattava le gesta dei personaggi.	trattava i sentimenti.	trattava gli eventi.

Figura 3.9: Espressione del canto attraverso la letteratura

APPENDICE: Matematiche delle ottave

Un'ottava è il rapporto 2 a 1 di frequenze, ed è giusto dire da 16 a 32 Hz, oppure da 10000 a 20000 Hz. L'espressione matematica dell'ottava è: ($N = \frac{fh}{fl} = 2^N$) dove:

- fh è il margine dell' intervallo nell'estremo più alto in Hz
- fl è il margine dell'intervallo nell'estremo più basso in Hz
- N è il numero delle ottave.

Per esempio quante ottave ci sono in una estensione da 20 a 20000 Hz?

$$2^n = \frac{f_H}{f_L}$$

$$= \frac{20,000}{20}$$

$$= 1000 Hz$$

Prendendo i logaritmi di entrambe i lati:

$$N log 2 = log 1000$$

$$N = \frac{log 1000}{log 2}$$

$$= \frac{3}{0.3010}$$

$$= 9.966$$

Se 880 Hz è il margine più basso, quale frequenza è un'ottava più alta?

$$\frac{f_H}{f_L} = 2^N$$

$$\frac{f_H}{880} = 2^1$$

$$f_H = 2 x 880$$

$$= 1760 Hz$$

3.14 Gli elementi fruitivi

E' doverosa un'introduzione. La musica moderna (leggera) è concepita e scritta per essere missata. Sia essa composta per una produzione discografica o per uso televisivo o ancora per essere rappresentata dal vivo, ha infatti voluto adottare un nuovo linguaggio nel quale la tecnologia audio ha un ruolo predominante. Alcune attenzioni sono condivise da tutti gli studi di registrazione del mondo e da tutti i produttori di suono. Alcune regole, diciamo così, vanno rispettate, magari è per questo che andrebbero abbattute, soprattutto in un' attività come la produzione musicale dove l'estro e la licenza poetica darebbero originalità, ma è rarissimo che succeda; per abbattere queste abitudini bisogna comprenderne l'essenza in modo profondo.

3.14.1 Comprensione delle liriche.

La voce, questo strumento che è impeto dell'anima, è veicolo per messaggi, profezie, strazianti disapprovazioni, riflessione e poesia. In una cultura come quella latina, in cui la potenza della letteratura e la tradizione melodrammatica hanno fatto del testo un sacrario di indiscusso rispetto, è naturale che le vada riservato uno spazio ininquinabile. E' questa la cultura diffusa tra chi commissiona produzioni audio in genere, non solo di tipo strettamente musicale. La struttura diventa piramidale, come sopra citato, in cui la voce è al vertice. E' quindi compito del fonico riservarle questa preminenza. La voce è immersa in un ambiente, quasi sempre artificiale, che le dà spazialità, e sottolinea le parole. Già qui nasce una dissociazione, che invece di omogeneizzare l'intero organico in un ambiente unico, piuttosto ne dà un percettibile scollamento che soddisfa gli amanti del testo cantato. E' il tipico caso della musica italiana, mentre considerare la voce come uno strumento, legato e interagente con il resto dell'organico è tipico della musica anglosassone, del rock. In effetti il rock è anche uno stile di missaggio, una cultura di ascolto, ed è triste quando se ne fa un uso improprio come per la musica italiana. La voce, nella musica italiana, è limpida, è spesso accompagnata da cori a chiusura o a rinforzo di una determinata frase, o ritornello, ma non viene mai sovrastata, anzi i cori, in inglese "Background voices", danno l'impressione di essere lontani, ma senza realistico senso di profondità. Il coro è anche usato con la stessa voce del solista, moltiplicata e trasposta di "pitch", di altezza. La compressione della voce è a questo punto indispensabile per mantenere uniforme la modulazione sopra a tutto il resto, ma anche per arrotondarla e renderla meno aggressiva.

3.14.2 Contenimento delle basi musicali

Il lavoro sulla voce è quasi sempre l'ultimo in cui si opera, tutto questo dopo una sua corretta registrazione, e il missaggio della cosiddetta "base". Già questa nomenclatura rende evidente come il lavoro dell'organico sia sminuito. Base per cosa? Chiaramente per la voce. Si approntano quindi due piani, uno frontale in cui ne è figura la voce, e uno arretrato nel quale abitano tutti gli strumenti. Gli elementi più influenti che risultano ad un primo ascolto sono individuabili nel contenimento dinamico della base e nel trattamento dei singoli strumenti non fine a loro stessi ma in funzione della voce. Analizziamo: una delle sonorità più invadenti che potrebbero sabotare la leadership della voce, è quella degli strumenti percussivi per via della loro intensità prorompente. Partiamo da questo estremo per lavorare sul riconoscimento del contenimento della dinamica, applicabile poi, in misura minore, a tutti gli altri strumenti. Un suono impulsivo romperebbe la continuità armonica della voce, ne attenterebbe l'intellegibilità, e ne renderebbe discutibile la sua preminenza. Tutto questo si controlla, nella maggior parte dei casi con la limitazione del livello della massima intensità che dà all'ascoltatore una sensazione di limitata importanza, trasformando uno strumento complesso come ad esempio la batteria, da una sua naturale irruenza (di difficile riproducibilità con sistemi d'ascolto casalinghi) di origine tribale (si consulti qualsiasi manuale di origine degli strumenti musicali), ad una forzata caratteristica melodica che lo strumento di per sé non avrebbe.

3.14.3 Catarsi corale

Le funzioni linguistiche che il coro ha assunto nella musica pop contemporanea, hanno purtroppo perso parte della sua originale funzione di voce degli Dei, super partes, quello che i greci chiamavano Choros, che corrispondeva al rafforzamento e alla narrazione di una scena, con la più assoluta e indiscutibile autorità. Il coro oggi è una somma di voci che rafforza le frasi chiave di un ritornello, che ne dà più maestosità o che ripete alla noia il pay-off di una canzone. (termine preso in prestito dal gergo pubblicitario che corrisponde ad una frase che ad effetto sintetizza il messaggio da recapitare). E' proprio in base a queste caratteristiche che questo gruppo di voci va trattato acusticamente. Si noterà che i cori non hanno una particolare incisività, né definizione, né tantomento prevalenza sulla voce leader. Quello che può colpire invece è che nella composizione del coro sia rappresentato quasi tutto lo spettro udibile medio alto, nel caso femminile, o mediobasso nel caso maschile, scegliendo tre o quattro voci di estensione differente. Notiamo ancora che raramente vengono usati cori solo maschili, in quanto la voce femminile, è più candida e più riferibile alla "sententia super partes". Un altro tipo di coro è quello usato raddoppiando la voce dello stesso cantante, magari spostato di tonalità. Queste ed altre forme, danno alla sonorità generale una ricchezza enorme, se ben amalgamate. Un buon ascoltatore deve saper riconoscere la presenza del coro, il suo effetto trainante e soprattutto se può considerarsi un agente della catarsi.

3.14.4 Trasporto

Una composizione musicale si evolve: ha una fase introduttiva, si dispiega, e si chiude. E' una delle argomentazioni più complesse della fase di ascolto. Esistono differenti forme di composizione musicale più o meno adatte alla valenza dei messaggi da diffondere. Ma una delle tecniche più diffuse è quella in cui la composizione man mano che cresce introduce più strumenti, incrementando il loro livello di esecuzione e alzando spesso la tonalità. Queste tre fasi inducono il tecnico del suono a calibrare opportunamente il missaggio di ognuno di questi sviluppi. Infatti vengono modificati i parametri più importanti della sintassi sonora. Il tecnico del suono, quindi, dovrà equilibrare la curva di frequenza generale e conseguentemente l'interrelazione tra gli strumenti. Dovrà far spazio ai nuovi strumenti entranti e inoltre dovrà contenere le dinamiche generali in un'escursione che sarà differente in base al tipo di format. Ad esempio l'inizio di una sola chitarra che introduce una voce e via via l'organico completo, richiede una dinamica estesa, eppure è frequente notare come questa caratteristica, seppur consentita nella musica rock anglosassone, non è gradita in Italia, tanto da essere considerata sbilanciata. Tutte queste fasi, sacrificate nel loro sviluppo naturale di dinamica, banda passante, e addirittura linguaggio musicale, per garantire la fruibilità anche attraverso i limitatissimi sistemi d'ascolto medi, vanno suggerite artificialmente per mezzo di interventi pseudomusicali detti *"Trasporti"*, che il tecnico del suono ricercherà con l'aiuto di un buon arrangiatore e che sono costruiti con l'aggiunta di suoni non narrativi, che solitamente eseguono delle elementari scale in salita di note, eseguite con sonorità brillanti, o enfatizzando alcune caratteristiche dei suoni già presenti, ad esempio allungando i tempi di riverbero, oppure incrementando gradualmente, con il buon uso dei compressori, la presenza dello strumento stesso. Come già detto, il trasporto si avverte: per ascoltarlo bisogna concentrarsi alla ricerca della sua presenza, questo vorrà dire che il tecnico del suono avrà contribuito più o meno in forma originale a creare quell'effetto di trasporto che la musica da sé non avrebbe ottenuto. Un buon esercizio è quello di riascoltare diverse volte il periodo che unisce la parte finale di una strofa, a quella in cui si introduce il ritornello.

3.14.5 Tappeto come basamento

Abbiamo chiamato base l'intero organico che interagisce, seppur in forma suddita, con la voce cantata. Per quanto poco bilanciato sia questo rapporto, è pur sempre una convenzione linguistica e musicale, che non altera affatto le volontà compositive. Tutto questo fino a quando non si decide di introdurre, per chiare esigenze speculative, dei suoni che non sono stati scritti nella partitura musicale, e che non sviluppano nessuna melodia. Solitamente questi suoni sono chiamati *tappeti*. Non sono difficili ad identificare, seppur ben nascosti, ma si caratterizzano per essere dei suoni quasi sempre di elettrofoni (archi, sintetizzatori, organi ecc) che hanno sonorità piene e continue e di facile adeguabilità alla parte detta "bucata" che rischierebbe di ascoltarsi come vuota. Eseguono delle note molto lunghe, anche intere battute, si evolvono tra due o tre note continue ed hanno un esclusivo compito di missaggio, ossia quello di interessarsi a non lasciare mai vuoti dei transienti, anche e soprattutto per non abituare l'ascoltatore a riconoscere delle possibilità dinamiche che nell'intera durata della composizione non potrebbero essere assicurate per i motivi già illustrati. Spesso i tappeti vengono aggiunti anche alla fine del missaggio. Sarebbe come lasciare una parte del quadro in cui si veda il bianco della tela, mortificherebbe l'autore che non è stato grado di riempire il basamento di partenza, quel bianco corrisponde alla tendenza al silenzio che il brano potrebbe far intuire.

3.14.6 Riempitivi e abbellimenti

L'arrangiatore, nella discografia, è il vero punto di contatto tra il musicista e il fonico, alcune volte è addirittura la stessa persona. Quando una composizione è prossima al missaggio, viene aggiunta di diverse, a volte esagerate, piste di integrazione create con la sua collaborazione. A giudicare dalla musica jazz o anche dall'integralista rock anglosassone, la musica deve essere rigidamente limitata alla strumentazione che la esegue, ma la discografia di largo consumo non è d'accordo: senza decori e ammiccamenti la musica perderebbe la sua immediatezza e risulterebbe non più "orecchiabile". Ma l'inutilità dei decori porta l'ascoltatore di buon gusto ad un rapido stato di bassa sopportazione man mano che riascolta il brano, questo accade, più lentamente, anche per l'ascoltatore passivo che, finita la moda del brano, anche per motivi di sonorità, pian piano se ne discosta. Ma è importante l'impatto immediato: allora ecco che si associano alla composizione campanelli, suoni di tastiera cortissimi e brillanti, e possibilmente mai simili a strumenti musicali tradizionali, ed infine, fa la sua apparizione un'incredibile varietà di decori fatti di notine sparse qua e là a cadere sugli accenti grammaticali delle liriche. Per un tecnico del suono non sono di difficile integrazione; in molti casi lo aiutano a far distrarre l'ascoltatore da un necessario intervento di correzione generale dovuto all'evoluzione del brano.

3.14.7 Spazialità sull'asse orizzontale

Ogni volta che in questo testo si è accennato alla spazialità, si è fatto riferimento al riverbero, alle code sonore ed eventualmente agli sfasamenti, ovvero ad un ambito di distanze, di prospettiva. La spazialità sul piano orizzontatale, dal diffusore sinistro a quello destro, permette la collocazione degli strumenti lungo il fronte facendo uso di differenza di livello e di tempi di arrivo, attraverso la gestione separata del segnale processato e altre tecniche spesso originali. In realtà la spazialità orizzontale è uno degli elementi più importanti del missaggio, e per essere ottenuta va pensata, elaborata e intesa in un lavoro globale di omogeneità ben più complesso di quello di separare artificialmente i canali, pur tuttavia questo lavoro aiuta molto l'ascoltatore ad abbandonare un riferimento centrale che restringerebbe l'opera.

3.14.8 Ambienti artificiali

In un banalissimo ascolto, si noterà come ogni strumento abbia una sua singola coda sonora. Questa coda è una caratteristica che rende chiara la collocazione virtuale dell'esecuzione, ma è una successiva aggiunta ad una registrazione voluta più asciutta possibile. Abbiamo già descritto le caratteristiche architettoniche della riverberazione, ci rimane da individuarne l'uso, e la scelta dei parametri. Per fare questo, necessita una prima distinzione in cui si interviene o a scopo di naturalezza architettonica oppure per effetto virtuale. Per capire la riverberazione seguiamo questo esempio: se ascoltiamo una registrazione di una voce, e questa viene improvvisamente interrotta, viene a mancare la sua coda sonora, questa interruzione non permette alla riverberazione di completare il suo naturale decadimento fino a scendere sotto la soglia di udibilità. Questo esperimento non ha diminuito il tempo di riverbero, prima del troncamento: mozzandone la coda abbiamo creato un senso di incompletezza, di interruzione forzata, anche se si trattava di una coda sonora e non del segnale diretto che non abbiamo toccato. Non comprendendo il concetto suggerito dal nostro esempio si allungherebbero inutilmente le code dei riverberi lungo tutto uno spazio già ampiamente occupato dagli altri ingredienti sonori, oppure, si darebbero ambientazioni sproporzionate a degli strumenti senza corrispondente realistica durata delle code. Qui nasce una distinzione importante che determina l'uso di una riverberazione ad effetto oppure ad uso realistico. Sia nella musica classica, che nella registrazione cinematografica, c'è una particolare attenzione al fattore naturale. L'esistenza di alcune costose macchine che sanno riprodurre dei riverberi pressoché vicini alla realtà, richiede una competenza tecnica notevole nel saperli programmare per ottenere esattamente quanto voluto. Nella musica leggera o pop, l'uso dei riverberi non ha un'esatta corrispondenza architettonica, ma altresì ha assunto dei riferimenti standard per ottenere alcune risultanze, e tutto il resto è al puro, istintivo gusto del fonico. I parametri relativi ai riverberi sono spesso limitati al tempo di riverberazione, a volte addirittura preselezionabile tra small, medium, large, attenuazione sugli acuti e rapporto di miscelazione con il suono diretto (wet, dry), e il riverbero è fatto: una semplificazione che non considera la grande varietà delle caratteristiche che compongono una coda sonora reale. Infatti, per ottenere un buon riverbero si può intervenire anche su molti altri parametri quali: predelay, diffusione, intensità delle prime riflessioni, delle seconde, sfasamenti, stereofonia, ribattuti, l'equalizzazione del suono riflesso, e ultimamente altri nuovi parametri spesso con precisi riferimenti architettonici.

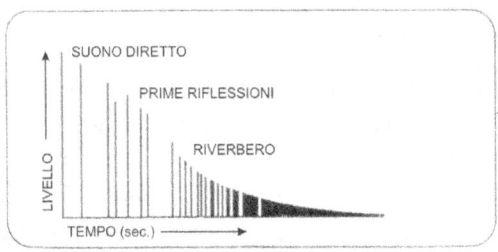

Figura 3.10: Evoluzione di un riverbero

Una coda sonora lunga allontana una voce e la rende più onirica, mentre una corta la rende vicina e prossima all'ascoltatore, ma anche più intima e più esposta ai difetti. Ma la coda sonora va considerata anche un collante, un suono continuo e una porzione energetica di suono per nulla trascurabile. Il complesso intreccio dei suoni in fase di missaggio fa iniziare a pensare alla riverberazione come a una delle soluzioni possibili per camuffare i nodi che uniscono gli strumenti. L'eventuale riverberazione aggiunta artificialmente ad uno strumento prima del missaggio, si unirà a quella decisa al mix provocando difformità sonore e impastamenti dovuti al considerevole incremento di energia. Le lunghe code sonore, che dovrebbero rendere più poetici e avvolti di romanticismo i testi di una canzone, spesso si discostano troppo dal resto della strumentazione anche per l'evidente differenza di riverbero che contengono. E' anche il caso dei rullanti di batteria che sembrano suonare in una chiesa rispetto a delle sonorità notevolmente più asciutte del resto degli strumenti. Il riverbero è una grande risorsa per un tecnico del suono, e un buon uso dello stesso e dei suoi parametri oltre a facilitare le operazioni di tessitura e amalgamazione, contribuisce con grande efficacia alla profondità, alla spazialità e alla omogeneità della sonorità del brano. Un ascolto tecnico del riverbero deve essere sia quantificabile che qualificabile. Vale a dire che si devono riconoscere il numero dei riverberi usati e la loro lunghezza, poi successivamente quale tipo di coda è stata usata, la sua estensione in frequenza e l'interazione con gli altri ambienti, con gli altri strumenti, e con il resto degli effetti artificiali. Un uso ragionato e ben dosato degli effetti artificiali, arricchisce una produzione musicale con il rischio però di annullarne la naturalezza: sono infiniti i modi di inventare queste combinazioni. Ai modelli e alle caratteristiche dei riverberi modificabili attraverso i suoi parametri, dobbiamo aggiungere altre quattro processioni basate sui ritardi e sulle code sonore. Il **delay** che è un vero ritardatore di suono, tenendolo in memoria lo rigenera dopo un lasso di tempo da determinarne un'eco. Se ne può riconoscere il tempo di ritardo, il numero delle ripetizioni o altri effetti come la riproduzione al contrario o la modulazione di fase del segnale. Il **chorus** è una processione fatta raddoppiando un canale e sommandolo al secondo con un ritardo piuttosto piccolo (15-25 millisecondi), quanto basta per creare delle evidenti controfasi, e impostandone la profondità (depth) e la velocità di modulazione (rate) produce un vero e proprio effetto artificiale tendente al suono metallico (con accentuazione di medie frequenze) ma utile per i suoni di chitarra o altri strumenti che hanno bisogno di spazialità, o virtuale stereofonizzazione. Il **flanger** il phaser agiscono sfruttando una somma fatta dal ritardo variabile dello stesso suono. Producono un effetto molto gradevole all'ascolto, se adeguato al contesto, che potremmo descrivere come un avvolgimento del suono su se stesso. E' usato molto nel rock e aiuta nelle profondità e nell'arricchimento di suoni che si riconoscono non particolarmente ricchi di armoniche.

3.15 Controllo delle dinamiche

Parlando di dinamiche, si è visto come sia delegata al tecnico del suono la necessità di dimensionarle in base al prodotto, e in base ad una continuità sonora più fluida che stancante. Le dinamiche possono essere controllate con la correzione manuale semplicemente abbassando o alzando i livelli. Questa difficoltà oggettiva non permette ad un operatore di avere un tempo di reazione sufficiente per i suoni impulsivi, ne limita la possibilità di intervento in caso di due o più canali ed infine non può modulare il livello senza che si noti. Il perché dell'agire su di un livello è presto spiegato: ogni segnale ha una sua dinamica, relativa alla sua minima emissione ed al suo picco, questo spazio in cui può eseguire la sua escursione può essere molto ristretto, ma anche molto esteso, dipendentemente dallo strumento e dall'esecuzione. Lo svolgimento dell'esecuzione da parte di uno strumento, e il rapporto con gli altri strumenti complicano sia il corretto livello di registrazione, sia il bilanciamento tra tutti. A questa limitazione dell'operare umano, viene in aiuto il **compressore** ossia un controllore automatico di dinamiche.

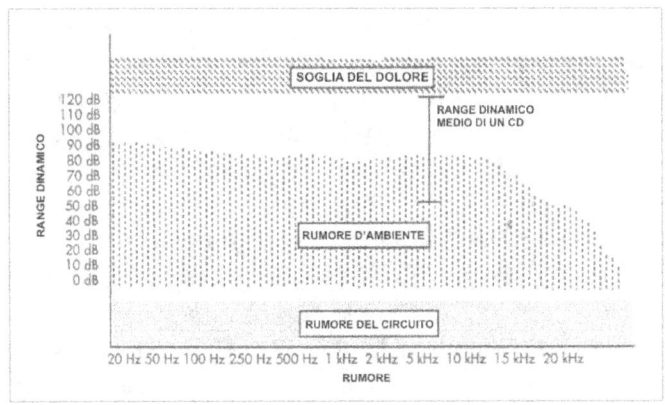

Figura 3.11: Dinamica

Il *compressore* è un dispositivo in grado di ridurre la dinamica, attenuando segnali forti e quindi avvicinandoli ai segnali più deboli, riducendone quindi la differenza. Se poi amplifichiamo il risultato è come se avessimo alzato i segnali deboli avvicinandoli a quelli più forti, ovviamente. Come dire che è un amplificatore che attenua la sensibilità d'ingresso appena il segnale d'ingresso aumenta. Parametri tipici di questa operazione di rimappatura dei volumi sono la velocità di reazione, sia in attacco che in rilascio, la soglia di livello sopra la quale il compressore comincia ad intervenire e la quantità di compressione massima richiesta. Di solito i compressori permettono il key chaining, ossia una separazione tra segnale a cui reagiscono, e segnale sul quale applicano la compressione. Utile anche quando si vuole tarare la reattività del compressore su una banda di frequenza particolare, magari quella dove l'orecchio umano è più sensibile: per evitare ad esempio che una bella nota di contrabbasso faccia abbassare pure la voce e le spazzole della batteria. Se configuriamo in parallelo più compressori, facendo in modo che reagiscano su bande di frequenza diverse (bassi, medi, acuti...) e che il loro output sia anch'esso specularmente filtrato, e poi risommiamo le loro uscite, otteniamo il famoso compressore multibanda, che riesce a mantenere ben pieno il suono contemporaneamente su tante zone dello spettro indipendentemente, sempre che il nostro scopo sia questo. Certo al primo ascolto è un suono che seduce, poi però paragonandolo con un buon originale, a volume adeguato (non 10 dB più basso), ci si accorge che potrebbero essere sorti dei danni snaturando completamente il suono e facendo perdere ogni contrasto dinamico. Comunque per un mix televisivo dove la dinamica è ridottissima (ben 15 dB (6+9) in meno dello standard cinema) non si può fare a meno di questi strumenti, altrimenti bisognerebbe inseguire il missaggio a velocità impossibili continuando ad abbassare i picchi ed alzare tutto il resto. Ma perché si usano?

- per bilanciare i livelli dei singoli singolarmente.

- per evitare dei segnali audio apparentemente più forti di altri.

- per ottenere una densità migliore del suono modulato importante nel mix.

- per minimizzare le differenze dei livelli dovute alle distanze dai microfoni.

- per controllare un gruppo di voci o strumenti in competizione tra loro.

- per bilanciare il mix.

- per livellare i segnali masterizzati o atti alla programmazione.

Per essere più tecnici, il compressore inizia a lavorare riducendo la sensibilità non appena il segnale d'ingresso eccede un livello conosciuto come *threshold* (soglia), e il fattore di compressione che interviene è regolato dal *ratio*, entrambi regolati dall'operatore. Per esempio se è regolato a 8:1 significa che un segnale di 8 dB sopra il livello di soglia, uscirà incrementato di un solo dB. Quando i rapporti raggiungono fattori di 12:1 prendono il nome di limitatori, e vengono usati specialmente in TV o in radio. Il tempo che necessita al compressore per reagire al segnale d'ingresso, è detto *Attack time*, e quello per rilasciare il segnale compresso è detto *release time*. Questi due parametri, insieme alla soglia di intervento, in genere sono regolabili. Due regole guida: la prima è che i suoni percussivi hanno bisogno di un tempo d'attacco più veloce possibile, e la seconda è che il tempo di rilascio deve essere sempre più lento di quello d'attacco. Se si usa un tempo di attacco troppo breve, il compressore reagirà per piccoli transienti, rischiando di soffocare un suono che altrimenti dovrebbe essere incrementato, se invece è troppo rapido il tempo di rilascio si genera un effetto di pompaggio dovuto alla rapida restaurazione del segnale non appena scende sotto la soglia. Nella musica leggera, i compressori sono usati spesso per cambiare il suono degli strumenti, a discapito ovviamente della loro naturalezza, ma spesso con risultati gradevoli. Il rapporto (ratio) di compressione dovrebbe essere scelto in base alle caratteristiche degli strumenti musicali coinvolti, allo stile con cui vengono suonati, al tipo di fruizione che avrà il prodotto.

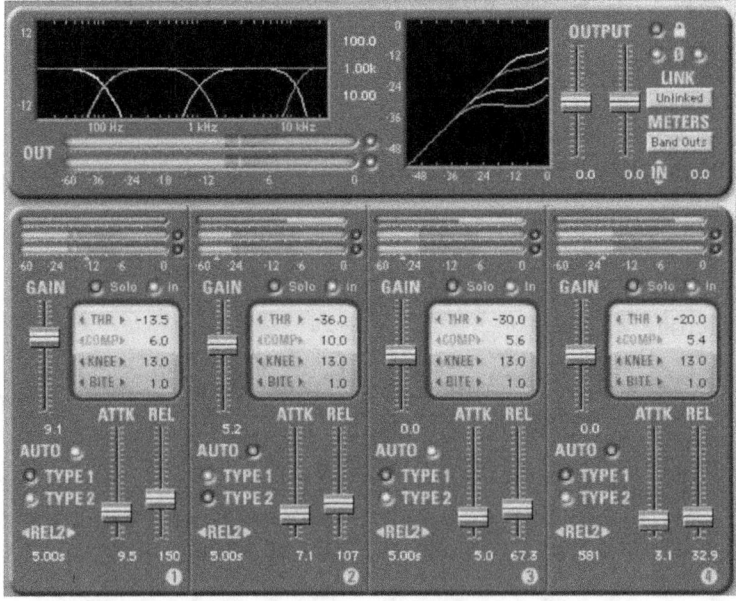

Figura 3.12: Compressore

Qualche esempio sarà certamente utile:

Basso ratio da 4:1 a 8:1 con attacco slow che aiuta il missaggio ad essere meno violento e percettibile, e rilascio slow per ottenere un suono più costante salvaguardando le escursioni rapide e impulsive. ratio 8:1 attacco e rilascio veloci (fast), risulta ben bilanciato agli alti volumi, soprattutto nella coda delle note, ma si perde la meccanica dello strumento, utile ad esempio nella musica rock

Tamburi ratio da 2:1 a 4:1 con attacco e rilascio medi, utile per strumenti che hanno picchi abbastanza brevi e continui e improvvisi cambi di volume; se si vogliono evitare escursioni di volume eccessive bisogna incrementare il ratio a 8:1 o abbassare la soglia e usare un attacco velocissimo, e un rilascio lentissimo

Effetto Ducking è una speciale taratura che si fa su un compressore tarato per drastici interventi facendolo pilotare da un altro segnale. E' usato per le musiche che devono essere controllate in presenza di voci, spesso usato nelle programmazioni radiofoniche e televisive, non mancano però casi in musica, con tarature più morbide.

Expander Gli espansori, che fanno esattamente il contrario dei compressori, abbassano ulteriormente i segnali deboli (o equivalentemente alzano i segnali forti). E' una definizione difficile, ma che va letta alla luce della seguente spiegazione: se individuiamo una regione di suono utile, quindi una dinamica operativa, la fissiamo sui limiti riconosciuti, e l'espansore provvederà ad enfatizzare tutto il suono in quella regione, non considerando quella sotto. Strumento pericolosissimo, in quanto è molto difficile riconoscere la soglia più adeguata e nel caso sia troppo alta perderemmo i suoni deboli mentre nel caso sia bassa si enfatizzeranno i rumori di fondo. Questa spiegazione dimostra il sottile filo che separa i suoni più bassi utili alla dinamica della sorgente dal fondo, bisogna aver ben capito cosa è una dinamica per non fare in modo che le due regioni abbiano un visibile confine. L'espansore può essere anche visto come un deviatore che interviene da amplificatore di livello molto velocemente quando il livello scende sotto la soglia predeterminata dall'operatore. Le espansioni rischiano di farsi sentire, invece che evitarci di sentire un difetto. L'uso dell'espansore si nota nei vuoti di suono con un effetto forzato di decremento del livello più basso, è frequente sugli arpeggi di sola chitarra oppure negli strumenti a fiato che passano rapidamente da suoni intensi a melodie sottaciute.

Limiter Sarebbe un compressore tarato a 12:1 o più; previene i picchi di segnale per non causare la distorsione spesso inaspettata. Quando interviene il limiter sarebbe opportuno che il rilascio sia più rapido possibile, mentre se il suo intervento è frequente è bene che sia lento, cercando però di evitare che questo accada. Non ha nessuna funzione ingegneristica se non cautelativa. Se ne avvertono gli effetti dalla sonorità schiacciata del massimo livello di registrazione. La limitazione è una forma di saturazione e quindi non è mai costruttiva, pur tuttavia non mancano casi in cui, con l'uso di ottimi limitatori, si siano tagliate onde estese ed impulsive come quelle dei rullanti, per renderli più eleganti e compresi in una regione dinamica determinata senza ricorrere ai compressori. Comunque è bene farne un uso occasionale, assicurandosi che il suo circuito di bypass, sotto la limitazione, sia il più silenzioso possibile. Ascoltare un suono limitato è riconoscere la mancanza di transienti dinamici sulle intensità più alte.

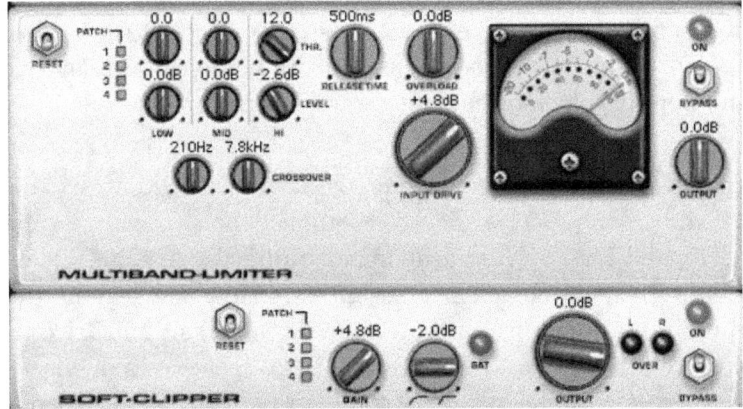

Figura 3.13: Limitatori

De-esser E' semplicemente un compressore che agisce su determinate frequenze comprese tra i 3 e i 10 Khz ed è usato per ridurre l'effetto delle sibilanti (ss, tz, ch) sulle voci, e in alcuni casi anche su altri tipi di suoni. Esso non agisce assolutamente su porzioni di frequenze al di sotto o al di sopra di questo range. E' difficile rivelarne la presenza (ben calibrata!) con il solo ascolto, a meno che non ci sia un diretto confronto con il segnale prima dell'intervento. Questo utile strumento permette di non modificare la curva di equalizzazione statica del canale, che, oltre alle sibilanti sacrificherebbe anche molte caratteristiche timbriche della voce.

Noise-gate E' sostanzialmente un controllore di livello, o meglio un interruttore che si apre o si chiude in base ad una soglia di livello decisa dal fonico, quindi si apre al di sopra di essa e si chiude al di sotto di essa. Inutile puntualizzare la pericolosità di tale strumento che se mal tarato potrebbe bruscamente tagliare le code dei suoni o addirittura ammutolire suoni volutamente eseguiti a basse intensità. L'esempio più frequente di cattivo uso è quello della batteria dove su ogni microfono dei tamburi è inserito un noise-gate, è facile infatti che la diafonia tra microfoni vicini crei un comportamento inaspettato di apertura/chiusura dei microfoni sbagliati; tale effetto viene gergalmente detto "*telegramma*" o "*triggering*". Naturalmente sul noise-gate è possibile regolare i tempi di attacco e rilascio. Sono usati per eliminare rumori di fondo, per chiudere i microfoni quando non sono usati o per essere degli interruttori di apertura sulla soglia di un compressore. Un buon ascoltatore può riconoscere come le sonorità di uno strumento singolo possano cambiare in situazioni in cui altri strumenti sono chiusi da un noise gate, oppure aperti influenzando il missaggio generale.

3.16 Effetti sonori

In un ascolto possono riscontrarsi delle modificazioni di segnale che non risultano naturali. Il loro uso è imposto spesso dall'esigenza del musicista di personalizzare il suo strumento con la somma di diversi effetti e compressori che non rispettano l'esigenza del complessivo. Alcuni di questi effetti, abbinati a certi tipi di musica sono diventati una regola e il tecnico del suono non può chiederne modifica, ma solo in casi fortunati ne è avvantaggiato nel trovare uno strumento ricco, e quindi, lavorabile per l'integrazione con il resto degli strumenti. Il *distorsore* usato soprattutto per le chitarre elettriche, modifica il segnale per via di una violenta saturazione. Il suo suono è quello tipico delle chitarre elettriche della musica rock. Bisogna dire che alcuni musicisti hanno fatto di questa distruzione dell'onda originale una funzionale sonorità che oltre ad essere personale, in molti casi è anche molto piacevole e intensa all'ascolto. L'*exciter* è progettato per enfatizzare fino alla saturazione alcune frequenze nella banda più alta in modo che possano introdurre nel segnale complessivo nuove armoniche, del tutto artificiali, innaturali, ma che nel buon uso danno un senso di vitalità al suono che ne necessitano. Il *wah-wah*, basato sullo spostamento di parametri di un filtro, come se si muovesse un centratore di frequenza a campana larga avanti e dietro. Questo provoca un suono che per onomatopea è chiamato wah-wah, utilizzato molto negli anni sessanta. Il *tremolo* e il *vibrato* fanno parte del corredo di alcuni strumenti musicali, come le chitarre. L'effetto che danno si basa sullo spostamento di frequenza e su variazioni più o meno rapide di intensità. Il *pitch* è un processore che modifica la frequenza di uno strumento o della voce, trasportandole più in alto o in basso. E' usato spesso per raddoppiare le voci per formare dei cori artificiali, o per intonare le note stonate, ma tutto questo provoca una drastica perdita di armoniche tipiche di una voce naturale. Il loro uso quindi sarebbe giustificato solo ad uso di effetto esplicitamente artificiale, oppure per correzioni lievi davvero necessarie, facendo sì che nel complesso del missaggio l'artificio sia impercettibile.

> **Curiosità:** la parte dell'acustica relativa alla riflessione dei suoni ha un suo nome specifico, la ***fonocàmptica***, dal greco *phonè*, suono, voce e *Kampto*, io piego. Questo termine è ormai in disuso per lasciar spazio alla più generica definizione di acustica architettonica.

3.17 L' equalizzazione

L'equalizzazione è la vera pratica di amalgamazione delle figure all'interno di una tela. Con essa si modella il disegno, si confrontano i colori, si evidenziano le sfumature. Per architettare questo incastro, va considerato un aspetto fondamentale della pratica, ossia il concetto di economia. L'economia di un missaggio è la giusta distribuzione dei suoni, dosandone l'energia confluente in un'adeguata risultante proporzionale alla capacità consentita in uscita, pur mantenendo le caratteristiche originali. Questa definizione ammette che oltre al concetto di livello e a quello di dinamica ne esiste un terzo, ossia di *portanza*. Sviluppiamo: un suono ha una sua intensità, una sua escursione dinamica, ma possiede anche una razione energetica. Nella fusione con gli altri suoni, questa energia va a sommarsi con quella degli altri strumenti, fino a rischiare di intasare una condotta di uscita. Rimandiamo l'esempio fatto quando si è parlato di impedenza: la strozzatura che avviene all'imbocco di un condotto va eliminata portando all'ingresso i soli segnali utili e udibili. I suoni, sommandosi, addensano una tale energia fatta ad esempio di basse frequenze, che rallenta, appesantisce e limita il lavoro elettronico di buona parte dei mixer analogici, gli effetti che ne derivano sono strozzature, riduzioni dinamiche, scomparsa dei riverberi e cambi di sonorità.

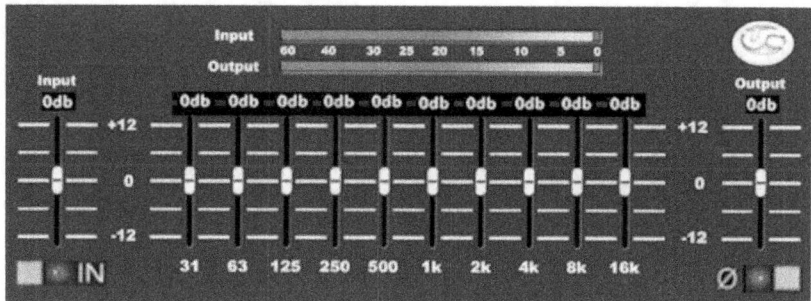

Figura 3.14: Equalizzatore grafico

Affinché questo non avvenga, è bene interpretare quali dei suoni siano indispensabili, oppure si perdano nella somma delle basse frequenze di tutti gli altri creando un'inutile congestione che se evitata lascerebbe spazio a strumenti come la cassa di batteria e il basso che ne avrebbero bisogno per manifestare la loro identità. Questo non vuol dire amputare dei segnali, anche perché, nel caso lo strumento suonasse da solo sarebbe ridicolo all'ascolto: questa "menomazione" va fatta esclusivamente in presenza di un insieme, riadattando le curve di equalizzazione nei soli. Detto questo, il suono conserverà le sue naturali caratteristiche con un piccolo inganno per l'orecchio che è portato ad ascoltare la curva complessiva e questo permette al tecnico di economizzare sulle energie. Questa pratica piuttosto creativa per un tecnico del suono, fa parte di un uso avanzato dell'equalizzazione, ma il suo uso è prescritto anche per altri interventi di carattere più tecnico, vediamo quindi a cosa serve, come si opera, e cosa comporta.

A cosa serve l'equalizzazione:

- A ridurre rumori, individuando su quale parte dello spettro si riconosce un ronzio, un fondo, oppure una botta.

- A compensare i microfoni malposizionati che hanno causato in ripresa delle perdite di frequenze.

- compensare le caratteristiche dei monitors che non sono quasi mai lineari, ma hanno delle caratteristiche di coloritura tipiche della costruzione.

- creare nuovi suoni con determinate caratteristiche spettrali, o effetti come il telefono ecc.

- creare separazioni tra gli strumenti assegnando delle priorità di gamma ad alcuni strumenti rispetto ad altri che possono farne a meno

- creare proprietà psicoacustiche come la brillantezza o la cupezza.

- compensare la perdita di segnale sonoro in trasmissione per via dei molteplici passaggi che generalmente attenuano le frequenze più alte.

- evidenziare uno strumento in un mix incrementando le sue frequenze caratteristiche.

- trattare la personalità delle voci per renderle uniche ed efficaci.

L'equalizzazione può essere:

- *Grafica* divide lo spettro udibile in un numero di bande, ognuna con un controllo per enfatizzare o attenuare dalla frequenza centrale di intervento fino alle adiacenti determinate da un elemento chiamato fattore Q, ossia la pendenza che interessa con intensità decadente le frequenze vicine. Un altro importante fattore è il numero delle bande divise e si usa scomporre in ottave o sue divisioni. Di solito la banda viene divisa in ottave, mezze ottave o, meglio, in terzi di ottava.

- *Parametrica* ha la possibilità di tarare il fattore Q interessando più o meno le frequenze adiacenti modificando la cosiddetta "campana".

- *Sweeep* è la possibilità di scegliere solo la frequenza di intervento.

- *Shelved* è un enfatizzatore di alte o basse frequenze; ne è un tipo il famoso controllo di loudness dei sistemi hi-fi.

- *Combinata* è la possibilità di intervenire combinando diversi interventi tra quelli descritti.

- *Filtro* è usato per eliminare porzioni di frequenze conosciute e parti al di sotto o al di sopra delle frequenze stabilite, di essi è importante conoscere la pendenza, spesso tarata tra i 6 e i 12 dB per ottava; sono divisi in Hi-Pass filter esso rimuove le frequenze al di sotto di quella stabilita (in genere tra 10 e 150 Hz) e Low pass filter è l'opposto rimuove tutte le frequenze al di sopra di quella stabilita (che di solito è compresa tra 10 KHz e 20 Khz).

- *Band pass filter* lascia passare una determinata banda di frequenza e si usa per effetti telefonici o simili.

- *Presence filter* interviene tra i 2 e i 4Khz per incrementare l'intellegibilità della voce; è usato nel broadcast.

- *Notch filter* taglia una precisa frequenza di solito corrispondente a un ronzio o a un fischio ed è molto stretto (filtro a spillo).

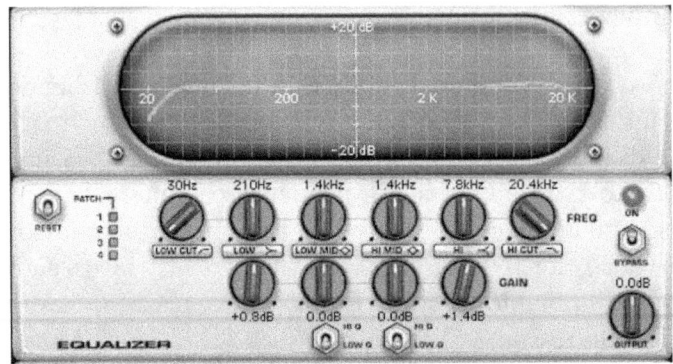

Figura 3.15: Equalizzatore parametrico

Alcuni processori sono progettati per equalizzare frequenze di bassa intensità presumendo che siano armoniche per cercare di enfatizzare la brillantezza del suono nell'intera banda; questi si chiamano *exciters* anche se, per via della loro diversa progettazione, prendono direttamente il nome della casa costruttrice, e ne esistono una decina di tipi. Su questo stesso principio lavora l'*Harmonizer* con la pretesa però di operare sull'intero range di frequenza selezionabile dall'operatore. Ad oggi alcuni armonizer hanno raggiunto risultati sbalorditivi che hanno valorizzato il suono, ma è importante non perdere la consapevolezza che non si tratterà mai più di segnale originale, per quanto gradito sia.

Figura 3.16: Eccitatori di banda, o exciter

Capitolo 3. L'ascolto avanzato

3.17.1 Divisione delle frequenze

E' bene sapere che convenzionalmente la gamma udibile delle frequenze è divisa in sei bande: (nella tabella: Divisioni di frequenza convenzionali all'industria radiofonica.)

Extreme Low Frequencies, ultrabasse	da 0 a 60 Hz
Low Frequencies, basse	60 a 200 Hz
Lower Midrange, mediobassi	200 a 2500 Hz
Upper Midrange, medioalti	2500 a 5000 Hz
Presence, presenza	5000 a 7000 Hz
Hi Frequencies, alte	7000 a 20000 Hz

tipo onde	frequenze	descrizione
Subsoniche	1 Hz - 20 Hz	Non sono udibili dall'orecchio umano. Sono generate per esempio dai terremoti o dai grossi organi a canne delle chiese.
Bassissime frequenze	20 Hz - 40 Hz	E' l'ottava più bassa udibile dall'orecchio. Cadono in questa zona le armoniche più basse della cassa della batteria e le note basse del pianoforte nonché il rumore di tuono e quello dell'aria condizionata.
Basse frequenze	40 Hz - 160 Hz	Quasi tutte le basse frequenze della musica cadono in questa zona.
Frequenze medio-basse	160 Hz - 315 Hz	Cade in questa zona il Do centrale del pianoforte (261Hz). Questa zona contiene molte delle informazioni del segnale sonoro che può essere pesantemente alterato con una sbagliata equalizzazione.
Frequenze medie	315 Hz - 2.5 KHz	L'orecchio è sensibile a questa zona. Questa banda, se presa singolarmente, restituisce un suono di qualità simile a quella telefonica.
Frequenze medio-alte	2.5 KHz - 5 KHz	In questa zona la curva isofonica ha il suo picco maggiore dunque è la zona in cui l'orecchio è più sensibile.
Frequenze alte	5 KHz - 10 KHz	E' la zona che ci fa percepire la brillantezza anche perché contiene molte delle armoniche delle note generate nelle fasce precedenti. Il quoziente di energia acustica contenuta in questa zona è molto basso. Troviamo in questa zona alcune consonanti come la s, la t e la c.
Frequenze molto alte	10 KHz - 20 KHz	Ancora meno energia acustica in questa zona. Sono presenti solo le armoniche più alte di alcuni strumenti. Tuttavia eliminando questa (per esempio con un equalizzatore) banda un mix, diventerebbe opaco.

Figura 3.17: Separazione di frequenze in base alle loro caratteristiche.

3.17.2 Le regioni

Nell'acustica architettonica è stata definita una rigida tabella di divisione delle frequenze, estremamente importanti per ogni tipo di progetto che prevede un trattamento acustico degli interni delle sale d'ascolto. Le regioni sono quattro, e definite come segue:

X	da 0 a 26 Hz
A	da 26 Hz a 107 Hz (Modali)
B	da 107 Hz a 408 Hz (Diffrazione e diffusione)
C	da 408 Hz a 20000 Hz (Riflessione)

Trattasi di valori di massima, dipendenti in realtà dalle dimensioni dell'ambiente.

3.17.3 La voce

La voce è compresa tra 65 e 16 KHz ma solo una parte interessa l'intellegibilità. Si usa dividerla in tre parti:, *fondamentale, vocale e consonante*: la fondamentale tra i 125 e i 250 Hz, dove chiaramente voce maschile e femminile tendono ai due estremi opposti, è importante per dare personalità e ricchezza. La vocale contiene invece l'energia della voce ed è compresa tra i 350 e i 2000 Hz. La consonante invece soprattutto tra 1500 e i 4000 e contiene poca energia, ma è parte essenziale per l'intellegibilità. Il range tra i 60 e i 500 Hz occupa il 60% dell'energia della voce ma contribuisce solo al 5% dell'intellegibilità, tra i 500 e i 1000 il 35% dell'energia e il 35% dell'intellegibilità, e tra 1000 e 8000 il 5% dell'energia ma il 60% dell'intellegibilità.

3.17.4 Equalizzazione ying e yang

E' una poco conosciuta ma sofisticata interpretazione dell'equalizzare, quasi una filosofia, vale a dire che intervenendo su una parte dello spettro avrai indubbiamente un effetto sull'altro. Ad esempio a volte basta togliere una bassa frequenza con i suoi dintorni per avere un effetto di risalto sulla gamma opposta. Riuscire a missare un'intera orchestra attraverso l'equalizzazione è forse il segno di più grande abilità del tecnico del suono che deve ottenere un sottile rapporto tra l'equalizzazione dei singoli strumenti, e il livello relativo inserendo l'intero missaggio in una cornice di dinamica estesissima, coloritura e incisione, facilitando l'ascoltatore comune al raggiungimento della soddisfazione, e l'attento ascoltatore al riconoscimento tecnico degno di una competenza molto importante per conservare la cultura dello stile e del ben fatto.

3.17.5 La curva X

E' la risposta in frequenza imposta alle sale cinematografiche e al relativo mix. Si sarebbe tentati di pensare che una risposta in frequenza piatta sia quella necessaria ad ottenere una riproduzione neutrale del materiale registrato. In realtà l'orecchio è in grado di distinguere tra suono diretto e suono riverberato, e di valutare separatamente la timbrica dell'uno e dell'altro. Il microfono di misura non è in grado di effettuare questo discernimento, così la somma di suono diretto e riverberato in genere manca di acuti alla misura, anche se all'orecchio questo non sembra dato che esso valuta principalmente il solo segnale diretto. Questo è il motivo della curva X: è il tentativo di correggere questo fenomeno empiricamente.

3.18 Tecniche stereo

La stereofonia nasce come adeguamento all'ascolto umano. Centinaia di documenti, libri e conferenze sono state fatte per anni per cercare di rendere definitiva e scientifica una teoria sull'ascolto stereofonico.

Tutte le teorie sono valide e allo stesso tempo approssimate, e magari alcuni sistemi di diffusione si adeguano meglio a un certo tipo di registrazione. Bisogna però considerare che le nostre orecchie ascoltano in due punti suoni che provengono da infinite direzioni. Contrariamente, in fase di diffusione in stereofonia il suono parte da due punti (i diffusori). *(Alan Dower Blumlein 1903-1942)*

Le tecniche di ripresa e riproduzione con più di due canali sono pensate per avvicinarsi all'ascolto naturale, ma è bene dire che la stereofonia è oggi la più diffusa, ma è pur sempre un "lemma" (assunzione temporanea da dimostrare separatamente) della disciplina del suono.

Ognuna di queste tecniche ha vantaggi e svantaggi in termini di:

1. riproduzione realistica dello spazio in lateralità e profondità

2. stabilità e dimensioni degli strumenti nella riproduzione spaziale

3. rapporto segnale diretto/segnale riverberato

4. timbrica (in particolare sugli strumenti ripresi al centro, rispetto ai lati)

Bisogna riconoscere che la stereofonia è l'essenziale conclusione dei numerosi tentativi di diffondere suono in multidiffusione. Si può dire che prima di scegliere una registrazione stereofonica da effettuarsi, bisogna considerare che due microfoni non faranno mai due orecchie, nonostante i tentativi fatti con teste artificiali ecc. proprio per le molteplici variabili che introduce il sistema uditivo nel suo processo di trasduzione. Interessanti, invece, sono i molteplici tentativi di diffusioni che partono da una originaria registrazione stereofonica o multicanale. A tal proposito la letteratura, specie americana, è folta di pubblicazioni per una specializzazione che è ancora in fase di evoluzione. Si tende comunque a diffondere il suono con la maggior fedeltà naturale, quasi fosse una mappazione spaziale. Un vero stereo non dovrebbe far percepire la presenza dei diffusori, o comunque di punti di diffusione.

Le seguenti tecniche sono le più usate, ma ce ne sono molte altre che non avendo un convincente corredo teorico rimangono adottate da chi le ha proposte.

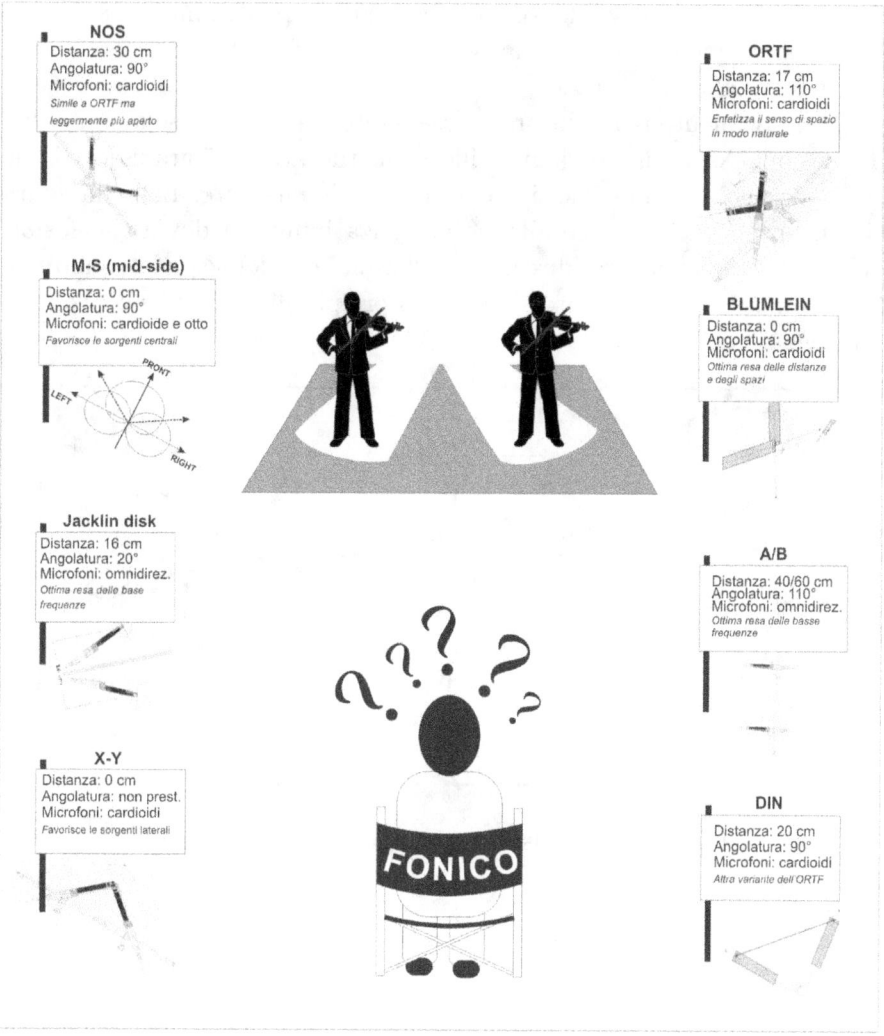

Figura 3.18: Stereofonia

3.18.1 I correlatori di fase

I misuratori di correlazione audio attualmente in uso sono piuttosto primitivi e purtroppo non molto legati alla percezione umana del suono. Basti l'osservazione che a seconda delle frequenze che consideriamo, lo sfasamento tra i due canali può essere o non essere sintomo di mancanza di focalizzazione stereofonica (sempre che sia questo il problema che il nostro strumento vuole evidenziare): sugli acuti infatti rileviamo la direzione di provenienza del suono grazie a differenze di intensità, non di fase (tempo) mentre la massima sensibilità alla fase dell'orecchio umano si situa tra 200 e 2000 Hz.

Uno strumento per valutare la fase molto utile è il phase meter a due dimensioni (XY): una sorta di oscilloscopio ruotato di 45 gradi dove i due assi sono pilotati da canale sinistro e destro da misurare. La bella figura che si forma anche grazie alla permanenza luminosa dovuta ai fosfori del display riesce a dirci direzione e "larghezza" del segnale stereo con forte comunicativa. Peccato si veda sempre più di rado sulle consolle di missaggio "moderne".

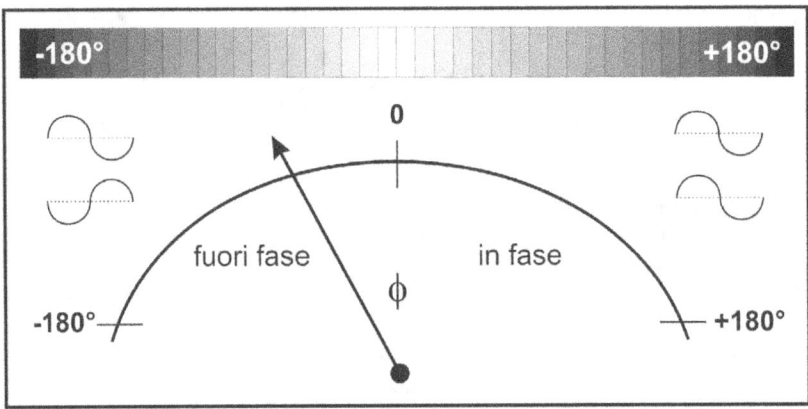

Figura 3.19: Misuratore di correlazione di fase

3.19 Analisi d'ascolto

Ci sono diversi stadi nell'esperienza d'ascolto che crescono in base ai progressi mentali effettuati.

1. *bisogna imparare a riconoscere il range di frequenza*

    Questa è una pratica utile al riconoscimento delle frequenze, si può iniziare riconoscendole da un generatore sinusoidale, ma poi è indispensabile riconoscerle modulate e complesse come una sorgente normalmente le emette. Un musicista parlerebbe di orecchio assoluto, ma come abbiamo accennato, mentre il musicista riconosce solamente le frequenze determinate, chiamate altezze, ossia le note, il tecnico del suono non farebbe discriminazioni tra gli intervalli, e già riconoscere frequenze incluse in un terzo di ottava sarebbe un risultato eccellente.

2. *il limite di banda*

    La nostra estensione della banda è chiaramente compresa tra le possibilità fisiologiche ossia tra i 14 e i 20 KHz circa, noi la chiamiamo la base della cornice, ma non tutte le diffusioni sono in grado di riprodurla. Immaginiamo un quadro da esporsi su una parete più piccola della sua larghezza, nonostante il soggetto sia concentrato nella parte centrale, è amputato della sua apertura e di alcuni dettagli. Questo succede esattamente quando il prodotto sonoro è diffuso in impianti limitati, o peggio quando è stato creato così. Bisogna però dire che dal telefono fino alle tv casalinghe, la limitazione di banda è assai evidente ed un buon ascoltatore dovrebbe essere in grado di riconoscerla sia in contesti così eccessivi che in forme molto più lievi.

3. *riconoscere i filtri a pettine*

    Questo particolare effetto nasce quando si somma lo stesso suono che per motivi diversi è presente su due o più canali, come nel caso della ripresa multimicrofonica in uno stesso ambiente. Qualora nascessero dei ritardi di tempo, viene compromessa anche la fase generando una sottrazione più o meno regolare nell'intera banda interessata udibile come una vera e propria variazione di identità del suono, riconoscibile per essere fallato, attenuato "artificialmente". Si verifica anche per la somma di suono diretto e riflesso nello stesso microfono, oppure nella riduzione scorretta di materiale stereo in mono.

4. *dinamica, spazio e profondità (incorniciatura tridimensionale)*

La dinamica è il vero respiro del prodotto musicale, e permette grande efficacia del parlato. Metterla in relazione con lo spazio e la profondità è la vera unità di misura per identificare l'ascolto. Ma come è possibile ascoltare lo spazio? E' una pratica da effettuarsi identificando le immagini stereo, la colorazione dello strumento, e dalle riflessioni che ne sono apportate. La profondità invece, esattamente come in un quadro, è un esercizio virtuale, come in una tela che dipinta con la giusta elaborazione della prospettiva sembra non finisca mai. La prospettiva è una sensazione, ma riconoscerla è esercizio critico, analitico e tecnico, lo stesso che ha usato chi l'ha disegnata. Si ottiene con la disparità di livello, con l'equalizzazione e con la processione di ambiente, facendo attenzione a rendere contestuale ogni singolo strumento per conservare un'egemonia che avvolge l'ascoltatore in un mare di sonorità.

5. *la prossimità*

E' un effetto che rende confidenziale il prodotto, lo avvicina allo spettatore, ne descrive l'intimità, la qualificazione dell'area in cui si vuole inserire chi esegue. Spesso la prossimità è volutamente negata, si cerca di rendere il tutto più neutro possibile per non favorire i virtuosismi dell'esecuzione; è una pratica frequente nella musica da film.

6. *il sovraccarico*

Sembra improprio parlare di "troppo segnale" in un prodotto finito, eppure è frequente, troppo frequente che nelle produzioni radiofoniche e televisive il segnale modulato in frequenza per la trasmissione sia in sovraccarico, questo vuol dire che esistono delle noncuranze in fase di masterizzazione che ignorano la conservazione della dinamica e schiacciano il segnale sulla soglia limite, creando una saturazione a volte leggera e a volte pesante. Purtroppo succede anche nella produzione discografica, dove è rilevabile sia in uno strumento singolo o, finanche nella totalità del disco a causa di un'insufficiente abilità di missaggio o un cattivo lavoro di masterizzazione.

7. *la qualità del singolo suono e l'ambiente in cui è immerso*

    Questa è la pratica del mascheramento, riconoscere uno strumento tra i tanti, o semplicemente, isolarlo, in modo tale da individuarne le caratteristiche è pratica di un buon ascoltatore. Nella scuola inglese, questa pratica è pretesa all'ascoltatore, infatti il missaggio considera gli strumenti di uguale importanza ed è lavoro del fruitore seguirne le parti, o lasciarsi coinvolgere dal complesso senza che venga disturbato dall'eccessiva presenza di uno di essi. In Italia invece alle voci pop è lasciato un imponente spazio, o in mancanza di esse si cerca di prediligere uno strumento leader. Tutto questo impigrisce l'ascolto, lo rende poco interattivo, e non richiede all'ascoltatore la pratica del ricercare. Per un ascoltatore avanzato è invece pratica fondamentale: si cerca lo strumento, le sue caratteristiche precipue, l'intervento fatto per presentarlo al mix e soprattutto si cerca di identificarne l'ambiente in cui è locato; una sorta di esercizio di scomposizione delle tracce che la nostra mente è in grado di fare.

8. *phasing, wow e flutter e cattiva masterizzazione, diafonia*

    Phasing: il prodotto musicale viaggia quasi sempre su due canali ed è indispensabile che questi siano rispettati nella fase, infatti in riproduzione le somme potrebbero provocare sconvenienti cancellazioni di fase, flanging e false spazialità.

    Wow e flutter: sembra antiquato, ma in caso di riproduzione meccanica analogica possono verificarsi variazioni di velocità che generano miagolii o addirittura cambio di pitch ossia di frequenza, provocando cambi di tonalità.

    Cattiva masterizzazione: è un difetto frequente in molte produzioni per così dire non industriali e nella programmazione radiotelevisiva. Si riconosce in cambi di livello, colorazione, rumori di fondo finali o iniziali, insomma più nel confezionamento del prodotto che nella sua consistenza.

    Diafonia: è mancanza di totale isolamento di un canale. Si nota in un assolo di uno strumento, per il rientro delle cuffie di studio, oppure per l'effetto stampaggio dei nastri magnetici analogici che anticipano a bassissima intensità il segnale che sta per riprodursi per effetto dell'avvolgimento delle spire magnetiche su se stesse.

9. *Jitter*

   E' un effetto che si riconosce nella tecnologia digitale non di alta qualità. L'audio digitale è basato su un concetto di campionamento ad intervalli regolari e per fare questo necessita un frequenza di clock estremamente precisa; se questa varia, per qualsiasi motivo, o semplicemente per la bassa qualità dei convertitori nel loro complesso, l'onda sarà campionata in una posizione diversa da quella che occupava in quell'istante, così, quando riprodotta, risulta essere distorta. Questo inconveniente può anche avvenire in fase di conversione D/A. Consideriamo che una frequenza di 44.1 KHz corrisponde ad un clock di 22,7 microsecondi e basta che questo tempo vari solo di 10 picosecondi per causare un udibile difetto. Una delle tecniche per riconoscerlo è sul rumore di fondo, che ogni qualvolta perda la sua continuità e tende a fluttuare, è probabile che dipenda dal Jitter.Il Jitter può produrre anche delle cosiddette "Sideband" ossia frequenze addizionali che si mimetizzano all'interno dell'amalgama sonoro. Il Jitter può essere provocato da collegamento (Interface jitter) o dal campionamento (sampling jitter).

3.20 L'ascolto dei suoni compressi

Partiamo da due principali osservazioni:

1. il formato PCM (quello alla base di un CD audio o di un file WAV, SuperAudio CD e DVD Audio) ha come unica finalità quella di riprodurre, e fissare nel dominio digitale, la forma d'onda originale dei suoni complessi con il maggior rigore possibile, senza che la principale preoccupazione sia sulla quantità di dati da immagazzinare;

2. lo sviluppo di un qualsiasi formato audio compresso, in relazione agli scopi per cui è pensato, diffusione via Internet, multimedialità ecc ecc, parte esattamente dal presupposto contrario: ridurre quanto più possibile la quantità di dati da immagazzinare accettando, possibilmente sempre meno, una 'qualche' degradazione qualitativa del documento sonoro trattato.

Tuttavia, le moderne teorie sulla psicoacustica hanno evidenziato alcune differenze sostanziali tra la percezione umana del suono e la percezione oggettiva degli strumenti di misura (su cui normalmente si basa anche lo sviluppo della tecnologia). Tali differenze possono essere spiegate sommariamente come effetti di mascheramento di segnali forti su segnali deboli adiacenti nel dominio spazio-temporale, effetti di spostamento della soglia di udibilità in relazione alla composizione spettrale, interazioni timbriche, alterazioni temporali tra suoni di diversa altezza, modulazioni, ecc ecc. In pratica, si afferma che il risultato psicoacustico di un normale ascolto musicale sarebbe una sostanziale inintelligibilità - da parte dell'ascoltatore umano, non degli strumenti di misura - di gran parte del contenuto sonoro che viene analizzato; al punto tale da ritenere di poter considerare 'irrilevanti ai fini dell'ascolto', e quindi in qualche modo eliminabili o almeno riducibili, molti dati sonori oggettivi che invece una registrazione digitale PCM raccoglie inevitabilmente e con pari dignità, con conseguenti enormi vantaggi sulla riduzione della quantità di informazioni da immagazzinare. E' praticamente impossibile però determinare quale sia il modello più adatto e il più rispondente alla realtà della percezione umana dell'ascolto musicale. Per orientarsi sarà allora utile tenere in mente alcuni concetti generali, estrapolati dal confronto dei meccanismi di compressione con l'unica realtà misurabile, vale a dire la PCM, lasciando poi all'iniziativa personale la traduzione in parametri relativi ai singoli prodotti. In linea di massima le parti di segnale considerate irrilevanti, e quindi oggetto di elaborazione, sono quelle riconducibili, nell'analisi spettrale dei suoni complessi, a fenomeni di attacco e decadimento del suono, frequenza massima riprodotta, modulazione, interferenza, armoniche superiori e inferiori, transienti... in pratica tutto ciò che, in ultima analisi, definisce il 'timbro' di un suono, nel caso di uno strumento musicale, o la 'precisione' e la 'stabilità dell'immagine' nel tempo e nello spazio di un insieme di suoni, come, per esempio, nel caso della riproduzione stereofonica classica. Va ricordato che un codificatore per compressione - lo si considera, per comodità, regolato per la migliore qualità possibile e senza riduzioni della frequenza di campionamento, altrimenti l'aspetto qualitativo perde qualsiasi importanza nella discussione - non elimina completamente le parti di suono considerate inutili, piuttosto ne riduce proporzionalmente la profondità di quantizzazione, liberando bit su bit, e lasciandoli a disposizione delle parti considerate invece essenziali, le quali rimangono completamente inalterate. Poiché la riduzione della profondità di quantizzazione di una registrazione PCM, come ciascuno potrà sperimentare, genera una quantità rilevante di effetti di distorsione del segnale, con creazione di artefatti acustici, sarà evidente che una parte di tali effetti si dovrà produrre necessariamente anche sui dati soggetti alla compressione, fortunatamente confinati, in teoria, nelle zone di inintelleggibilità acustica. Tutto il processo, così sommariamente descritto, ha una forte impronta di relativismo: i punti di intervento sono definiti dal modello psicoacustico utilizzato dal produttore, la forza dell'intervento è in parte definita dall'utente che regola i parametri della compressione e la stessa sorgente può presentare caratteristiche non uniformabili, per genere musicale, tipo di strumenti utilizzati e complessità del segnale, tanto per citare alcuni aspetti principali. Sulla base di queste considerazioni è evidente che un ascolto consapevole di una qualsiasi sorgente audio soggetta, in qualche suo stadio, al processo di compressione software con codifica percettiva, va affrontata con particolare attenzione in quanto gli effetti del processo non sono praticamente più misurabili in fase di riproduzione e purtuttavia riguardano aspetti non del tutto marginali del tessuto sonoro complesso che si sta sperimentando. Quanto mai in questo caso quindi, l'ascoltatore dovrà indagare con competenza sulla mancanza di dettagli che componevano il suono originale.

Volendo descrivere in una maniera un po' provocatoria, ma efficace, la differenza tra i due sistemi generali si potrebbe affermare che mentre la PCM descrive la forma d'onda così come è nella fisica del suono, il formato compresso la descrive come potrebbe o dovrebbe essere nell'orecchio dell'ascoltatore.

A questo scopo sono dedicati i modelli psicoacustici posti alla base dei vari codificatori (MP3, WMA, AAC, Ogg Vorbis ecc ecc), prodotti e distribuiti da tante aziende di software.

La codifica del segnale audio digitalizzato si distingue in due categorie: *distruttiva e non distruttiva*. Quella non distruttiva (LOSSLESS) preserva esattamente i dati ottenuti dal campionamento (che a dir la verità è di per sé un'operazione distruttiva nel senso che c'è perdita di qualità rispetto al segnale analogico originale, seppur piccola a piacere). Quella distruttiva (LOSSY) non permette di riottenere il segnale digitale originale in maniera perfetta, ma in maniera approssimativa, col vantaggio però di una drastica riduzione del flusso dati necessario (da 1/50 a 1/5 in genere). Tale riduzione viene effettuata sfruttando principalmente il fenomeno del mascheramento ossia l'inudibilità di certe componenti spettrali del segnale a causa di una sorta di accecamento dovuto ad una parte di segnale spettralmente vicina e più intensa.

> *Cercando di fare un po' d'ordine:*
>
> - **wav** *Formato Wave di Microsoft, il principale formato audio usato dal sistema operativo Windows. Normalmente contiene audio campionato PCM di qualità (frequenza di campionamento e risoluzione di quantizzazione) variabile a seconda degli usi, ma è anche consentita la compressione distruttiva. Tale formato è poi stato modificato e chiamato Broadcast Wave (.bwf), incorporando alcune caratteristiche utili appunto nella postproduzione; in questa forma è ora il formato più in uso nell'audio professionale (Pro Tools e altri sistemi hw/sw).*
>
> - **aiff - Audio Interchange File Format** *Come sopra. Storicamente più utilizzato sotto sistema operativo Apple Mac OS. Spesso nel mondo PC l'estensione è .aif con una effe sola.*
>
> - **mp3** *MPEG-1 or 2 Layer 3 audio stream. Molto diffuso, distruttivo. In genere a 160 Kbit/s ossia ad una compressione circa 1/10 offre prestazioni molto buone. Dipende però dall'algoritmo di compressione, che può essere più o meno efficace. Davvero ottimo il LAME (http://lame.sourceforge.net/). Per Mac OS X si consiglia Lamebrain.*
>
> - **mp2, .m1a, .m2a** *MPEG-1 or 2 Layer 2 audio stream. Precursori dell'MP3, li si può trovare in vecchi DVD PAL in vecchi files MPG e sui VCD.*
>
> - **wma - Windows Media Audio** *formato distruttivo di Windows.*
>
> - **AAC - Advanced Audio Codec** *Ottima compressione distruttiva. E' il formato di codifica audio spesso indicato anche come AUDIO dell'MPEG4. L'encoder più popolare e' il gratuito Quicktime della Apple (esiste anche per Windows così come il meraviglioso freeware iTunes). Si dice che suoni molto meglio dell'mp3 a bassi bitrates. Un buon uso è per codificare i cd a 160 Kbit/s e bisogna dire che risulta molto più naturale dell'mp3. Ma probabilmente dipende anche dalle orecchie di ciascuno, e dal genere musicale che si ascolta.*
>
> - **ogg (talvolta .ogm)** *è un file contenitore per Ogg Vorbis audio che e' un altro algoritmo ad alta compressione, distruttivo.*
>
> - **ac3 - Audio Codec 3** *Compressione distruttiva. Lo si trova nella maggioranza dei dvd-video. codifica 5.1 canali (L, C, R, Ls, Rs, LFE). Fattore di compressione circa 1/10, ma pare sia parzialmente regolabile dall'encoder... così su alcuni dvd americani in versione europea, per permettere la presenza del doppiaggio in molte lingue, l'audio ac3 è molto compresso e quindi peggiore dell'equivalente originale americano.*
>
> - **dts - Digital Theatre Systems** *Simile all'ac3, ma decisamente più raro sui dvd-video. Dovrebbe essere meno compresso del Dolby, e percettivamente migliore, ma le variabili in gioco sono tante. Di certo al cinema è più robusto dell'equivalente dolby digital che è stampato otticamente sulla pellicola: il dts invece sta su cd-dati ed è sincronizzato alla pellicola con una sorta di time-code ottico, dunque non degrada.*
>
> La lista non finisce qui: Qualcomm Purevoice, QDesign Music, ulaw, et cetera. Aggiungo solo il nuovo formato Apple Lossless, compresso 1/3 ma senza alcuna perdita di qualità (come il tiff rispetto al jpeg) e il 3gpp tipico dei telefoni cellulari più recenti.

I sistemi Dolby:

- **Il Dolby A:**

    Conosciuto anche come Dolby A NR (noise reduction). E' un sistema di riduzione del rumore nelle registrazioni audio d'ogni genere. La gamma delle frequenze è suddivisa in bande che sono trattate in modo differente. Era molto usato nelle sale di registrazione.

- **Il Dolby B:**

    Il Dolby si presenta nel 1970. E' una versione semplificata del Dolby A, di basso costo, e forse, di livello qualitative inferiore. Il sistema portava fruscio, ed il suono risulta più amplificato e quindi sembrava più imponente. Il sistema era incompatibile con i nastri non dotati di Dolby.

- **Il Dolby C:**

    Migliore rispetto ai precedenti, con un buon rapporto segnale-rumore. Il Dolby C era però ancora incompatibile con i lettori sprovvisti di Dolby.

- **Il Dolby Stereo:**

    Il "Dolby Cinema" non è uno standard è un sistema d'equipaggiamenti (amplificatori, decoder, casse acustiche...) destinato alle sale cinematografiche. Quindi, l'espressione "Dolby Cinema" è imprecisa se applicata ad una codifica. Si deve intendere un impianto hardware preciso, con macchine predisposte da Dolby.

- **Il Dolby Surround:**

    Potrebbe esser inteso come la versione consumer del "Dolby Cinema". Oltre ai due canali della stereofonia (L e R) si aggiunge un canale posteriore, distribuito su almeno due diffusori.

- **Il Dolby Pro-Logic:**

    Il Dolby "Pro-Logic" è un'evoluzione del "Dolby Surround", a cui aggiunge un canale centrale. Il canale posteriore ovviamente può essere suddiviso tra più altoparlanti. Quindi, si hanno quattro canali e almeno cinque diffusori: i due canali stereo, due altoparlanti per il canale posteriore, e un canale centrale. I canali supplementari sono basati solo sui medio-bassi. Questo è dovuto al fatto che il canale posteriore è dedicato più che altro ad effetti di bassi, poiché la sensazione di direzionalità è affidata alla sola gamma medio-alta. Per aumentare l'effetto sui bassi si suggerisce in molti sistemi l'uso di un sobwoofer. Il volume non deve essere uguale per tutti i diffusori: al canale centrale e ai diffusori posteriori basta una potenza inferiore tarata con accortezza e con tabelle redatte dalla casa.

- **Il Dolby Ac3**:

    Nel '94 nasce un nuovo standard che non impiega più il sistema analogico tradizionale, ma uno "stream" di dati digitali, dentro i quali vi sono 5 canali discreti. AC-3 sta per "Audio Code numero 3" ed è il nome in codice che i tecnici Dolby hanno utilizzato per lo sviluppo della tecnica di compressione e impacchettamento multicanale utilizzata per il Dolby Digital. In un primo momento la Dolby aveva scelto di differenziare il nome dato al Dolby Digital in campo cinematografico con quello dell'analogo sistema per l'Home Theater: Dolby Digital per il primo, Dolby AC-3 per il secondo. Questa differenza ha causato una gran confusione, tanto da richiedere un intervento da parte dei Dolby Labs che hanno così deciso di uniformare i due nomi utilizzando per entrambi "Dolby Digital".

- Le differenze sono sostanzialmente rispetto agli altri sistemi sono tre: **1** -la digitalizzazione del suono. **2**- i canali supplementari non sono più a banda ridotta ma tutti da 20 a 20KHz. **3**- i canali non sono più quattro (L, R, anteriore e posteriore) ma 5 (L, R, anteriore e due posteriori). È bene chiarire che con il nome Dolby Digital si indica solo e soltanto il processo di compressione e non il numero di canali audio utilizzati, anche se spesso per comodità si fa riferimento al Dolby Digital intendendo la sua versione a 5.1 canali. Infatti, i sistemi sono ormai diversi e con un vario numero di canali.

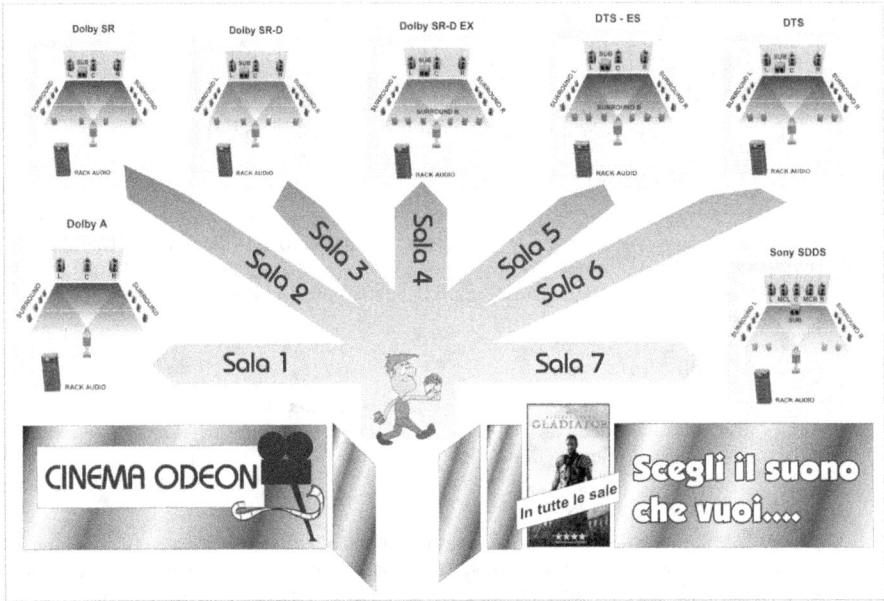

Figura 3.20: I sistemi di diffusione cinematografici

E' molto difficile riconoscere delle particolarità di ascolto di questi sistemi, soprattutto in relazione tra loro. In effetti le variabili sono talmente tante che sia la processione che la qualità dei suoni immessi, ne variano sensibilmente le realtà sonore, tanto da non averne mai riconosciuto uno migliore degli altri. Un buon ascoltatore, più che riconoscere di quale sistema si tratti, è bene che riconosca l'opportunità delle locazioni dei suoni e le qualità dei silenzi che aprono gli spazi agli eventi. Ultima, ma non di minore importanza la verosimiglianza spaziale che, come accennato, non si ricrea con la qualità del sistema, ormai provata, ma con la capacità di valorizzarne alcune caratteristiche di fase e velocità. Il famoso sistema THX ®, invece, si propone non come un processo di riproduzione alternativo al Dolby®Stereo e alle sue evoluzioni (Dolby ®Digital, Surround EX), ma come un insieme di regole e di requisiti ai quali una sala deve rispondere. E' un brevetto della Lucas Entertainment Ltd e non è una particolare codifica, ma regola le caratteristiche dei diffusori: polarità, direzionalità e dinamica di 105 dB di picco, gli amplificatori THX®dovranno avere ugualmente le elaborazioni DSP tipiche del THX®Mode, quindi il Re-equalization, Timbre Matching, Adaptive Decorrelation, Bass Management, Bass Peak Level Manager e Loudspeaker Position Time Syncronization.

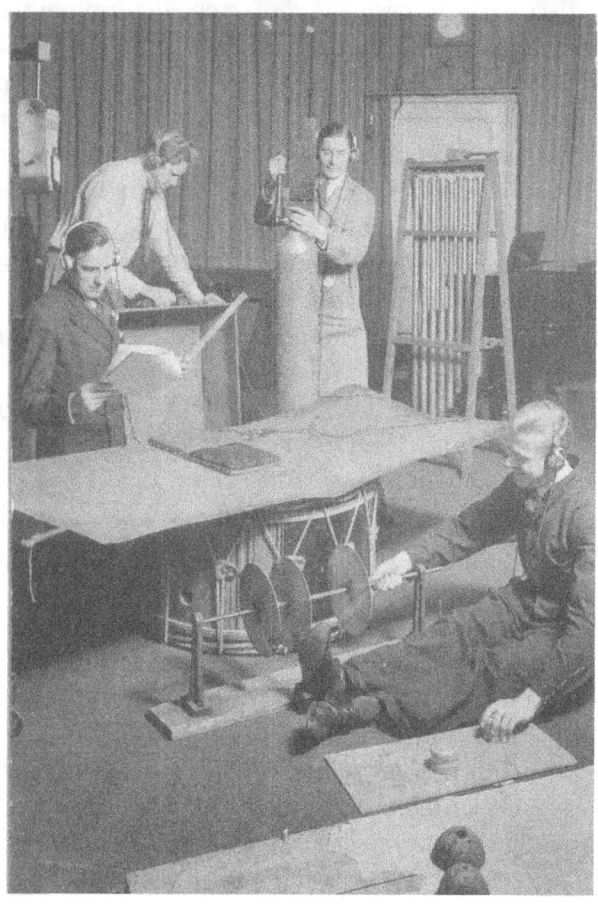

Figura 3.21: Foto di rumoristi in fase di registrazione (Londra 1958)

3.21 Differenza tra analogico e digitale

Il nostro esercizio di completamento di un dipinto, considera le sfumature di colore e le microlinee di contorno come la vera definizione del quadro, oltre che la sua verosimiglianza e quindi l'immedesimazione. Questi microdettagli corrispondono ai minuscoli frastagliamenti di un onda sonora che sono le sue linee determinanti di questa impronta digitale che è il timbro. Tutto questo, ha una corrispondenza fisica nel numero delle armoniche che hanno una intensità sufficiente da partecipare alla somma costruttiva o distruttiva in base alla fase, e che determinano il frastagliamento che altro non è che il risultato. E' necessario sviluppare un punto tecnico. Una frequenza di campionamento, legge in una frazione di secondo molto piccola (44-48 millesimo) quel transiente di onda che sta fotografando. Ad una frequenza udibile di 18 Khz deve corrispondere una lettura di più del doppio per evitare che la somma del suo sviluppo in fase e controfase non si annulli (teorema di Nyquist). Sebbene a livello teorico le frequenze ultrasoniche non dovrebbero influenzare la nostra percezione in quanto inudibili, questo non è ancora del tutto dimostrato e anzi alcuni esperimenti sembrerebbero giustificare il sovracampionamento anche fino a 192 KHz. Nel nostro paragone col mondo visivo, potremmo fare un paragone con i pixel di una camera digitale, o con le misure dei pennelli usati per dettagliare. Un ascoltatore sa che le armoniche inudibili contribuiscono a disegnare la fondamentale nei suoi microfrastagliamenti, e che il risultato timbrico è assai lontano dall'analogico quanto più queste diruzioni non vengano ridisegnate. Difficile, invece, convincere un fisico ad identificare le caratteristiche del timbro continuando a considerare le armoniche ultrasoniche non udibili. L'attività sensoriale umana, si comporta ugualmente nel caso della visione, in cui piccole frammentazioni invisibili di colore, risultano omogenee e sfumate alla giusta distanza di visione globale. Lo studio del timbro è oggi un terreno non del tutto esplorato. I musicologi, gli psicologi e i tecnici si cimentano di tanto in tanto in teorie di percezione molto complesse. Ad oggi l'orientamento è rivolto alle tecniche di persuasione per la percezione sempre più verosimile di un suono o di un immagine. Un esempio per tutti: il sistema trinitron della Sony, è paradossalmente meno definito del sistema a punti o pixels, pur tuttavia risulta più inciso per via di una forma di mediazione che la nostra visione applica sulla partizione dei colori primari. Come per il mascheramento, piuttosto di cercare istericamente un'affrettata somiglianza alla realtà, si cerca di studiare la nostra percezione umana per poi poter "ingannare" la nostra elaborazione. Ma i problemi sono ormai noti: la soggettività dei referti e le scarse sinergie tra ingegneri e umanisti.

Figura 3.22: Qualità

Il sistema digitale non è esente da problematiche legate all'ascolto, infatti può produrre dei rumori per via del complesso e miniaturizzato sistema di conversione. Il primo fra tutti è la distorsione di quantizzazione provocata da un errore del processo per questioni di approssimazione, che nella sua differenza tra il segnale originale e quello misurato produce un errore sul segnale convertito, ben udibile ai bassi livelli come mancanza di dettaglio e naturalezza. I filtri che rimuovono le frequenze alias durante la conversione sia in ingresso che in uscita sono critici in quanto possono introdurre distorsioni nelle frequenze vicine a quella limite; i nuovi filtri appositamente costruiti stanno eliminando questo problema. E' bene citare anche il dither ossia un rumore termico opportunamente lasciato sui convertitori per decorrelare gli artefatti spuri del segnale producendo un rumore di fondo più sopportabile all'orecchio di un ronzio nato dalla distorsione.

3.22 Polarità e cancellazione di fase

Queste due terminologie sono spesso confuse l'una con l'altra. Se avviene un incontro tra un segnale e sé stesso ad una diversa fase, cioè in tempi diversi, il segnale può risultare amplificato o attenuato a seconda che l'interferenza tra le due componenti sia distruttiva o costruttiva. Il primo fenomeno produce un effetto di cancellazione di alcune frequenze, di abbassamento di livello e compromette la monocompatibilità (se lo sfasamento avviene tra i canali sinistro e destro), e l'integrità delle armoniche. Questa controfase può già nascere nella ripresa, ossia a causa del ritardo che lo stesso segnale porta nel raggiungere due microfoni distanti tra loro. La fase viene indicata con la lettera greca phi (pron.: fi). Naturalmente una relazione di fase in opposizione totale provocherebbe la cancellazione del segnale. Per un ascoltatore, la fase è molto importante da valutare ogni qualvolta si accoppino due o più segnali, o lo stesso segnale da due diverse diffusioni. Le controfasi possono essere acustiche o elettriche a seconda che si siano sviluppate da un'interferenza nella diffusione aerea oppure nei circuiti elettronici. Sia l'una che l'altra all'orecchio sono riscontrabili o come abbassamenti di livello, o come effetto metallico, o come netto cambio della timbrica, oppure, se continua nel tempo, come una modulazione che inquadra tutti questi difetti. Un tecnico del suono, oltre a saperle riconoscere, deve essere attento che il percorso del segnale non subisca mai rovesciamenti di fase che potrebbero complicargli il lavoro in termini piuttosto compromettenti. Un ultima considerazione va aggiunta a proposito dell'equalizzazione: ogni manomissione del segnale originale, anche che fosse per migliorarlo, introduce una piccola rotazione di fase per via dei ritardi creati dai condensatori nei filtri alle frequenze più alte. Riconoscere il grado di alterazione che un equalizzatore può introdurre è cosa da maestri, considerando che esso è direttamente proporzionale alla qualità e dunque al costo delle apparecchiature. Un grande aiuto può darcelo il correlatore di fase, o l'ascolto monoaurale approntato per verificare appunto la monocompatibilità (vedi figura "correlatore di fase").

3.23 Ascolto dei suoni radiotrasmessi

Ascoltare un suono radiotrasmesso, significa immaginare la sua integrità prima che esso sia stato modulato. In effetti si parla di modulazione, che equivale a dire che un suono si lascia trasportare da una frequenza portante che oscilla nell'etere. Per facilità di comprensione, ricordiamo che piccoli corpi messi in vibrazione a frequenze diverse, sviluppano caratteristiche particolari che la scienza ha saputo leggere e la tecnologia ha saputo sfruttare. Inoltre i nostri sensi risultano essere rispondenti ad un solo intervallo di frequenze per ognuno di esse stimolando l'udito piuttosto che la vista e via via tutti gli altri sensi. Quando si parla di radiofrequenza, intesa come trasporto di un segnale sonoro, ci si riferisce a due tipi particolari di modulazione: in frequenza e in ampiezza. In entrambe i casi, il segnale sonoro si somma a delle oscillazioni costanti modificandone rispettivamente la frequenza o l'ampiezza della fondamentale. Al suo arrivo, dei dispositivi elettronici ne sottraggono la portante lasciando in utilità al circuito il segnale modulante. In questo viaggio da "parassita" però, il suono deve rinunciare ad alcune delle sue caratteristiche originali dovute alla somma e ai processi elettromagnetici e magnetoelettrici, nonché alla limitazione che la modulazione stessa pone alla dinamica del segnale. Da questa brevissima descrizione, si può già intuire che: sia la dinamica che l'integrità armonica del suono vengono più o meno compromesse. Ma non è solo a questo che bisogna "guardare". Un importante forma di rilevazione del segnale, è basata sull'ascolto attento dei segnali estranei, che possono manifestarsi sottoforma di rumori o addirittura di segnali sonori in viaggio su altri dipositivi di radiotrasmissione, o anche per intermodulazione (somma incontrollabile di portanti multiple o sottomultiple della frequenza in nostro uso) Questo tipo di perturbazione è detta "interferenza". Cosa diversa sono invece dei brevi e poco intensi rumori che si presentano sottoforma di scariche, per lo più dovuti a perdita di segnale per via delle distanze o di ostacoli in relazione alla potenza erogata dei trasmettitori. Assicurarsi sull'uso di una frequenza in una determinata zona non è sempre sinonimo di pulizia, sono molte le variabili che potrebbero coincidere per deteriorare un segnale radiotrasmesso. E' richiesto quindi, ad un buon ascoltatore, almeno di riconoscere quale è la natura di una mancata integrità di segnale oppure di un disturbo in modo che possa intervenire o cercare di evitare il problema, o, quantomeno per rassegnarsi alle limitazioni del sistema. Nel caso delle trasmissioni digitali il disturbo da interferenza è molto meno possibile in quanto il segnale audio è codificato ed è quindi un'altra frequenza a modulare la portante e non il segnale audio direttamente. Questa enorme variazione di 0 e 1 (bit) che arriva al demodulatore, potrebbe essere amputata da far ricostruire un segnale tracciato per approssimazione, generando così un tipico effetto metallico detto impropriamente "Flanging". La radiotrasmissione del segnale, sotto un certo livello di trasmissione, interrompe la destinazione lasciando buchi di silenzio; questo effetto è gergalmente detto "effetto pesce". Questo non avviene con la trasmissione analogica in quanto, fino alla minima possibilità, trasporta il segnale modulante anche se inquinato da rumori di imminente "sgancio" (incomunicabilità tra trasmettitore e ricevitore). A trasmettitore spento, potrebbe manifestarsi un continuo o spezzato rumore a larga banda generato dal ricevitore. E' questo il segno di un'invasione nell'etere da parte di altre trasmissioni, se la regolazione dello "squelc" (minore o maggiore sensibilità alla larghezza delle frequenze adiacenti) dovesse ritenersi ininfluente, è bene che si cerchi una nuova frequenza di utilizzo. Il suono che normalmente ascoltiamo riprodotto, discografia a parte, con molta probabilità può essere passato per un sistema di radiotrasmissione. Infatti sia nel cinema che nella tv, ma oramai anche nel live musicale, si fa un largo uso di radiomicrofoni. Naturalmente la qualità della radiotrasmissione influisce sul prodotto finale, fino a non scorgere nessuna differenza con la discografia, anche se per il tecnico del suono, in special modo la limitazione dinamica, complica non poco la buona riuscita del missaggio. Ad oggi, alcune case hanno raggiunto ottimi risultati.

3.24 Rumori di registrazione

L'ascolto dei rumori è una fase avanzata in cui il buon tecnico del suono sa riconoscere la base sulla quale depositare dei suoni utili. I rumori possono essere continui o impulsivi. La fonte del rumore può essere ovviamente di diversa natura, e non sempre può essere eliminato senza sacrificare l'integrità del segnale utile. Fatta questa prima distinzione, dobbiamo dividere il rumore a banda stretta da quello a banda larga ossia dal grado di interessamento delle diverse frequenze dello spettro.

I rumori possono essere:

- *aerei* (tecnicamente chiamati HVAC, acronimo di Heating, Ventilation, Air Conditioning) prodotti dagli impianti di ventilazione, aria condizionata, riscaldamento ecc. piuttosto estesi di banda e capaci di emanare frequenze molto basse.

- *Veicolari* dovuti al traffico di tutti i tipi (aereo, marittimo, ferroviario e stradale), che interessa moltissime porzioni di frequenza e a seconda della sua densità e della distanza dall'ascoltatore, può risultare essere uniforme oppure lasciare percepire i singoli passaggi.

- *Rete elettrica*, la mancanza di opportune schermature o circuiti di terra, riporta ronzii intorno alla frequenza di rete e ai suoi multipli interi e intromissioni istantanee dovute all'uso degli interruttori.

- *Induzione elettromagnetica* dovuta alla concentrazione di corrente in punti da cui scaturisce un campo elettromagnetico che può inserirsi sul circuito sul quale transita il nostro suono. Corrisponde allo stesso tipo di ronzio continuo che abbiamo ascoltato per la rete.

- *Radiofrequenza* avviene per interferenza dei circuiti accordati ad una modulazione dell'etere. A questo tipo di disturbo possono appartenere tutti i tipi di segnali, da un semplice click ad un'intera conversazione radiofonica che invade il nostro sistema audio.

- *Meccanici* sono quelli dovuti all'imperfezione dei trasporti dei nastri come il famoso Wow-flutter che si riconosce nelle variazioni di frequenza per via delle velocità non sempre costanti dei dischi o dei nastri, e si misurano in percentuale.

- *Vibrazioni* sono dei rumori provocati o dal movimento intorno alla registrazione e dove si sta ascoltando, oppure sono tutte quelle vibrazioni per simpatia generate dai materiali intorno al suono diffuso. Essendo dei diaframmi vibranti estranei, possono avere qualunque tipo di caratteristica sonora, banda compresa.

- *Termico* è generato da tutti i componenti elettronici: a causa del loro surriscaldamento mettono in moto gli elettroni in maniera disordinata e in parte udibile come fruscio di fondo, oppure come piccole scariche.

- *Esecuzione* sono i rumori generati da chi suona o da chi stiamo intervistando. Un esecutore può involontariamente riportarci rumore del piede che scandisce il tempo, oppure canticchiate per seguire il brano, o da uno sgabello instabile, mentre a volte il respiro, il legno di alcuni strumenti sono rumori voluti per far percepire la partecipazione umana. Tutt'altra storia sono i rumori vocali. I respiri possono essere graditi, i risucchi sicuramente meno, ed è sempre una lotta per cercare di controllarli nelle situazioni dal vivo in particolare. Le cose da evitare sono il *pop*, ossia il forte impulso provocato dalle basse frequenze sul microfono tipico delle P e delle B, e tutte le rumorosità che non avrebbero nessuna funzione decorativa ne tantomeno connotativa. La cinematografia è più tollerante in questo, in quanto l'immagine aiuta alla contestualizzazione dei rumori di recitazione.

L'uso dei rumori è anche possibile per scopi di misura. Infatti il *rumore Bianco* è la somma di tutte le frequenze a pari livello che serve per misurare l'effettiva linearità di un processore che dovrebbe restituire questa curva integra in uscita. *Il rumore rosa* invece ha una pendenza di 3 dB per ogni raddoppio di frequenza. In questo modo l'energia associata ad ogni ottava rimane costante su tutto lo spettro. Viene comunemente utilizzato per la taratura di sistemi di rinforzo sonoro dove il rumore bianco risulta essere un segnale non rappresentativo del segnale audio medio che alimenterà il sistema di rinforzo stesso. Questo è dovuto al fatto che un segnale audio ha un contenuto di energia sulle alte frequenze minore rispetto alle basse frequenze e dunque viene mal rappresentato dal rumore bianco in cui l'energia associata ad ogni ottava è doppia rispetto all'ottava precedente. Per completezza citiamo il *rumore marrone* che ha un andamento simile al rumore rosa salvo per il fatto che si ha una caduta di 6 dB (invece di 3 dB) per ogni raddoppio di frequenza. A volte la scelta del segnale di test per un sistema di rinforzo sonoro può ricadere sul rumore marrone quando si vuole simulare una sollecitazione alle alte frequenze ancora minore.

3.25 Caratteristiche avanzate

L'architettura di un missaggio musicale si edifica su tecniche normalmente utilizzate nella semiotica musicale. La scelta dell'organico, delle partiture, dei tempi e delle frasi è di esclusiva competenza del compositore e si presenta alla registrazione come un numero di ingredienti che fanno parte esclusivamente del linguaggio musicale. Dobbiamo leggere la melodia, con le sue frasi, dobbiamo leggere l'armonia e il tempo. Ma questo tipo di lettura è essenzialmente un tipo di ascolto competente che ogni appassionato di musica sa fare, quello che invece un tecnico del suono deve saper fare, è quella sequela di elementi tecnici che si concentrano nell'*incorniciatura* (la dinamica, l'estensione in frequenza, la profondità, lo spazio) e nella *tessitura* (il colore o timbro, le sfumature o le armoniche, i livelli tra gli strumenti e la ricreazione degli ambienti). Ma oltre a questi è necessario riconoscere quell'intervento che si adopera alla tecnica ma che nasce dalla musica.

Ascoltando con attenzione una produzione musicale si riconoscerà:

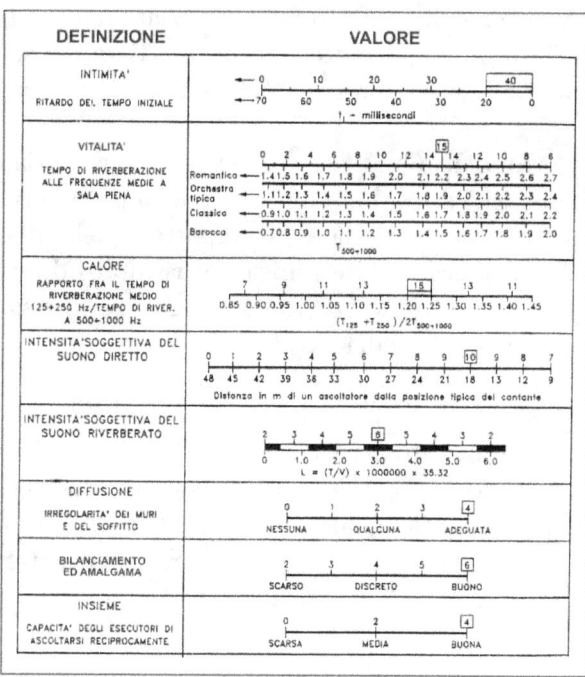

Figura 3.23: Caratteristiche avanzate d'ascolto

- **Intimità (intimacy)** L'intimità del suono è dovuta alla vicinanza che si lascia intuire tra l'ascoltatore e l'esecutore. La percezione di questa distanza è inversamente proporzionale a quel parametro chiamato predelay (initial predelay). Potremmo spiegarlo come il tempo che passa tra l'emissione del suono e l'inizio della coda sonora, questo tempo, difficile da valutare è però fortemente influente nell'ascolto proprio perché favorisce l'intimità del suono rispetto all'ascoltatore. Anche la lunghezza della coda può ledere l'intimità, infatti, un reverbero troppo lungo contribuisce a far intuire un ambiente troppo grande per essere definito intimo.

- **Vitalità (liveness)** E' un fattore di impatto che rende il suono ricco di personalità e di presenza, con un corpo evidente. Infatti il riconoscimento analitico di tale caratteristica è concentrato nelle frequenze in cui l'orecchio è più sensibile. In effetti parlare di vitalità significa aver riconosciuto un tempo di riverberazione alle frequenze medie. Questo fattore è usato anche in acustica architettonica, ed è importante che sia considerato a sala piena.

- **Calore (warmth)** Quel senso di avvolgenza che usiamo chiamare calore in effetti è dovuto ad uno scavo nella parte media tra i 1000 e i 2500 Hz, caratteristiche dell' impatto e dell'incisività. Attenendosi all'acustica architettonica è il risultato di una media del tempo di riverberazione tra 125 Hz e 250 Hz diviso il tempo di riverberazione delle medie frequenze.

- **Livello di suono diretto (loudness of direct sound)** E' una caratteristica fondamentale per la progettazione delle sale d'ascolto, ma, trasposta in ambito di missaggio, è la quantità del suono che siamo in grado di riconoscere come naturale indipendentemente dalla sua localizzazione.

- **Livello di suono riverberato (loudness of the reverberant sound)** E' un elemento di relazione con il suono diretto. La sua presenza, oltre a modificare l'impatto del suono diretto, determina gli spazi degli ambienti in cui si vuole immergere. Se troppo evidente, può compromettere l'intellegibilità.

- **Diffusione (diffusion)** Quando un suono alla fine del suo viaggio incontra delle superfici, come abbiamo detto, può assorbersi e può riflettersi. Questa riflessione quasi mai è ordinata, per motivi legati alla molteplicità delle onde e soprattutto all'irregolarità delle superfici. Questo effetto determina un'importante caratteristica che si evidenzia in brillantezza, apertura spaziale e compensazione dei suoni perduti nel percorso. Negli auditori tutto questo viene volontariamente provocato e non è affatto indesiderato. Viene programmato per essere un parametro usato in tutti gli effetti digitali. E' udibile per via delle frequenze riverberate brillantissime, quindi in estensioni molto alte.

- **Bilanciamento e amalgama (balance and blend)** E' una caratteristica molto cara ai direttori d'orchestra che soffrono quando sentono "slegata" un'orchestra. E' un po' l'identità del missaggio. Come sono stati amalgamati i suoni corrisponde a dire che la sonorità totale avviene per via di un meticoloso bilanciamento tra gli strumenti e della qualità del collante che si è usato. Attenzione però a non confondere i termini con l'uso che ne fanno i musicisti che identificano queste due caratteristiche con il mancato coordinamento esecutivo degli orchestrali, e quindi la sensazione di avvertire tante esecuzioni per quanti sono i musicisti.

- **Insieme (ensemble)** E' l'abilità a riconoscere la singolarità degli strumenti. Potrebbe sembrare l'opposto del balance, invece ne è l'evidenza della buona fattura. Un tecnico del suono che è riuscito, nell'impatto generale, a lasciare invariata l'identità delle sorgenti, tanto da seguirne la loro esecuzione, ha raggiunto un elevato livello di ascolto per la felicità di chi ne usufruirà.

- **Dinamica** Dipende dalla potenza del fortissimo e dalla relazione tra il rumore di fondo e la potenza del pianissimo. Ne abbiamo largamente parlato, ma è definitivo dire che rappresenta la scultura del suono in cui si riconoscono i dettagli di un'esecuzione. Un singolo suono nel tempo è possibilitato a compiere le sue escursioni anche in presenza di più sorgenti. Per i musicisti è semplicemente un concetto di volume, ma questa è la forma meno teorica per trovare un accordo.

- **Fattori architettonici** Sono gli elementi che intercorrono a rinforzare la presenza di un suono in un ambiente. Sia che si tratti di integrazioni artificiali, sia che riguardino l'architettura del luogo di esecuzione, concorrono comunque alla modifica del suono originale, e determinano fattori di amalgamazione. Riconoscerli è un'abilità di grande importanza che sa determinare l'adeguatezza della locazione.

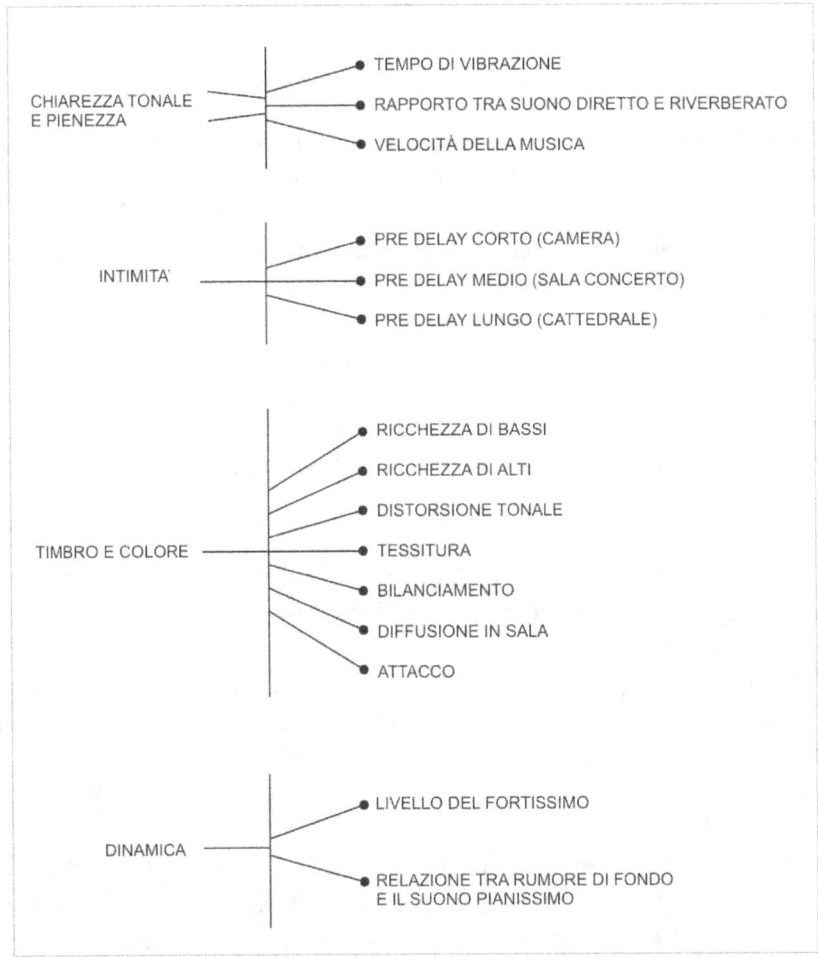

Figura 3.24: Elementi di integrazione del suono

3.26 Finalizzazione d'ascolto

Un ascolto professionale richiede una rigida attenzione ai dettagli. Bisogna cominciare con un minimo di conoscenza tecnica musicale ed una consapevolezza della diversa attenzione e dell'aspettativa che esiste in tutti gli anelli della catena produttiva. Successivamente bisogna conoscere i vari tipi di ascolti e di ascoltatori. Poi, acquisito questo, non bisogna necessariamente essere dei mediatori. Insomma bisogna costruire suono per tutti, che accontenti ognuno, ma solo dopo aver soddisfatto le esigenze del prodotto. E' chiaro che per avere una competenza specifica in materia di ascolto bisogna essere certi che il sistema di diffusione e il posto dove si ascolta siano adeguati in fedeltà e in ambientazione.

Riassiumiamo:

- Un buon sistema di ascolto in alta fedeltà.

- Un ambiente architettonicamente adeguato.

- Il non coinvolgimento emotivo sulla qualità della musica e sulla sua funzione connotativa (mentre è importante valutarne i suoi aspetti storici e culturali).

- La salute delle proprie orecchie.

- Pensare al prodotto sonoro come un qualcosa che rimane.

- La capacità di leggere le dinamiche.

3.27 Gli aggettivi del suono

L'aggettivo, nella lingua italiana, dal latino addietivo, adicere "aggiungere", è un nome che si aggiunge ad un sostantivo per qualificarlo e specificarlo. L'uso degli aggettivi nell'ascolto, è comunemente associato all'esperienza che ognuno di noi ne ha nella vita, relativamente all'esigenza di qualificare un soggetto. Il nostro soggetto è appunto la produzione sonora, essa è composta di suoni singoli e di suoni complessi, ossia interagenti, uniti e miscelati tra loro. L'uso dell'aggettivo che integra l'identificazione del suono è di tipo qualificativo. Definire stridulo, piuttosto che grasso o quant'altro venga in mente, induce ad una specifica singolare che caratterizza emotivamente l'identità di un suono, e può associarsi alla parte denotativa. Quando questo suono è legato per via della tessitura alla totalità dei suoni, l'uso degli aggettivi assume un aspetto pluralizzato e soprattutto emozionale. Aggettivi come funebre, cupo, allegro, brioso, vanno associati naturalmente ad un prodotto finito, come dire che hanno un carattere dimostrativo, e fanno riferimento alla parte connotativa.

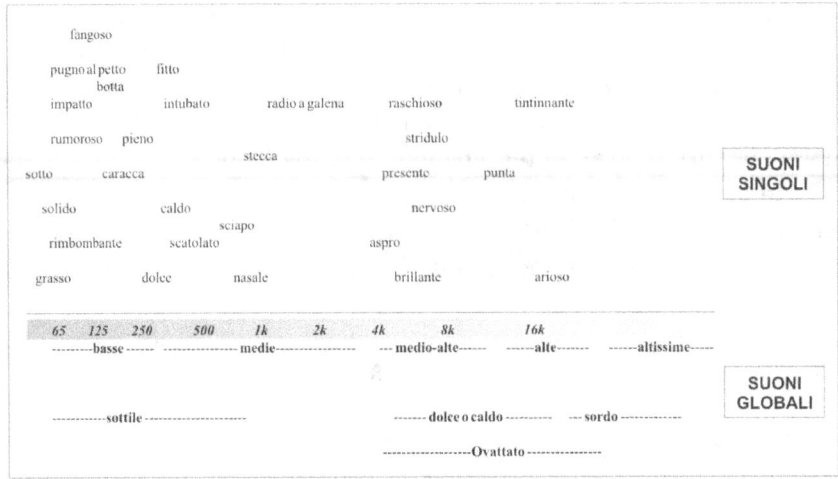

Figura 3.25: Gli aggettivi del suono

L'ascolto è un'esperienza che è soggetta a continue evoluzioni, nasce appunto dal saper riconoscere pregi e difetti di una produzione, ma poi al di là di tale rigore vi sono delle licenze che in fase di creazione si possono proporre. Anche alcune interpretazioni da parte del fruitore non devono essere necessariamente concentrate sul messaggio ma sulla pura emozione che un prodotto sonoro riesce a dare. E' qui che il tecnico del suono è dispensato alla rifinitura, alle sfumature a volte con netti interventi, o addirittura al cambiamento dei connotati artistici di un prodotto sonoro. La tecnica è un punto di partenza, è indispensabile, ma è pur sempre un ausilio per ottenere dei risultati basati sulla necessità di emozionare, conservare, stimolare. L'uso così vasto degli aggettivi che tendono a definire una produzione sonora, dimostra che il suono emoziona e anche se il giudizio è negativo, viene comunque nominata con uno stato emozionale, e questa è la finalità raggiunta.

Alcune terminologie anglosassoni per aggettivare il suono

- **Blary:** Squillante, urlato, gridato.
- **Boomy:** Rimbombante.
- **Boxy:** Scatolato. Quando il suono sembra provenire dall'interno del diffusore.
- **Brash:** Sfacciato. Troppa presenza. Sinonimo di "sharp, acuto, aspro, penetrante"
- **Bright:** Brillante. In genere quando il suono è riprodotto in un ambiente riverberante.
- **Clear:** Chiaro, pulito, aperto.
- **Cloudy:** Nebuloso, confuso.
- **Cutting:** Tagliente.
- **Distant:** Distante. Quando il suono sembra provenire da una distanza oggettivamente maggiore rispetto a quella alla quale sono posti i diffusori.
- **Dull:** Sordo, velato.
- **Empty:** Vuoto. Quando il suono manca di pienezza, di energia in qualche parte dello spettro riprodotto.
- **Full:** Pieno. Quando è ben bilanciato e l'energia è ben distribuita su tutto lo spettro del suono riprodotto.
- **Fuzzy:** Sfocato, indistinto.
- **Hard:** Duro, aspro.
- **Harsh:** Aspro, ruvido, stridente.
- **Heavy:** Pesante, greve.
- **Hollow:** Cupo, sordo.
- **Honky:** Scadente, a guisa di grido d'anatra. Suono sgradevole che ricorda il grido di un'anatra.
- **Loud:** Forte, alto di livello.
- **Mellow:** Caldo, ricco.
- **Middy:** Medioso. Troppe alto il livello delle frequenze medie.
- **Muddy:** Confuso.
- **Muffled:** Indistinto, smorzato, velato.
- **Murky:** Oscuro, tenebroso.
- **Mushy:** Sdolcinato.
- **Nasal:** Nasale.
- **Natural:** Naturale.
- **Noisy:** Rumoroso, fastidioso.
- **Opaque:** Opaco.
- **Open:** Aperto.
- **Peaky:** Puntuto, con molti picchi. Quando la risposta non è "smooth / lineare".
- **Pinched:** Tormentato. Sinonimo peggiorativo di "peaky".
- **Precise:** Preciso, accurato.
- **Present:** Presente.

- **Punchier:** Marcato. Usato per definire una voce un pò più dura o più chiara.
- **Rich:** Ricco, pieno, profondo.
- **Sharp:** Acuto, aspro, penetrante.
- **Smeared:** Macchiato. Quando il suono è distribuito a macchie.
- **Soft/Smooth:** Dolce, spianato, lineare.
- **Solid:** Solido, compatto, forte.
- **Spacious:** Spaziato.
- **Stained:** Colorato.
- **Strong:** Forte.
- **Subsonic:** Subsonico. Quando il suono è percepito con il corpo e non con l'orecchio.
- **Thin:** Sottile. Si dice suono senza corpo.
- **Thick:** Spesso.
- **Tight:** Chiuso.
- **Tinny:** Metallico.
- **Transparent:** Limpido, trasparente.
- **Trebly:** Acuto.
- **Unclear:** Sporco.
- **Uncolored:** Incolore.
- **Uniform:** Uniforme.
- **Warm:** Caldo.
- **Weak:** Fiacco, debole.
- **Well defined:** Ben definito.

"L'uomo che sa ben parlare non vale quello che sa ascoltare con attenzione" (antico proverbio cinese)

() # Capitolo 4

L'ascolto per un tecnico

4.1 Introduzione

Ascoltare a questo punto diventa un lavoro, bisogna però considerare le molteplici situazioni che concorrono ad inquinare un ascolto pulito. Questi elementi vanno considerati non solo per riconoscere le possibili variazioni del prodotto che ci interessa, ma per prevenire, perfezionare ed eventualmente isolare dei disturbi o semplicemente per eliminare il superfluo. Dobbiamo dapprima considerare il luogo dove ascoltiamo, e appena capaci di vedere il suono possiamo riconoscere in un ambiente i punti morti, le riflessioni, i picchi e gli annullamenti. Infatti camminando in una stanza noteremo variazioni di volume, di fasi, di risposta in frequenza e di code sonore. In uno studio professionale si cerca, per quanto possibile, di eliminare queste irregolarità rendendolo neutro, ma poi la diffusione dei prodotti sonori in larga scala riguarda soprattutto automobili, case, uffici, cuffiette per walkman eccetera. In uno studio viene prestata accortezza alla coloritura dei monitor, alla loro installazione, alla posizione, all'immagine stereo e addirittura alle riflessioni della consolle, e finanche alla posizione dell'operatore. Tutte condizioni quindi, vicine all'ottimale. Ma le attenzioni migliori che vanno ascoltate in produzione, ed in riproduzione, ovunque essa sia, possono essere riassunte in tre grandi blocchi di riferimento:

1. Riferimenti in base alla destinazione del prodotto (dinamica, range ecc.).

2. Polarità e cancellazione di fase.

3. Ascolto dei rumori inopportuni.

Di ognuno di questi abbiamo già ampiamente parlato.

4.2 L'ascolto per la registrazione musicale

Il prodotto musicale, è costituito da anelli di natura industriale che si concatenano per stabilire i limiti di competenza, e per affidare alla specializzazione, i singoli tasselli di una costruzione apparentemente semplice. La discografia deve servire vari tipi di distribuzione, dal comune disco alla programmazione radiofonica o televisiva, fino alla diffusione in ascensori o in supermercati. A questa varietà d'uso deve corrispondere una versatilità sonora che in fase di mastering sarà ovviamente considerata.

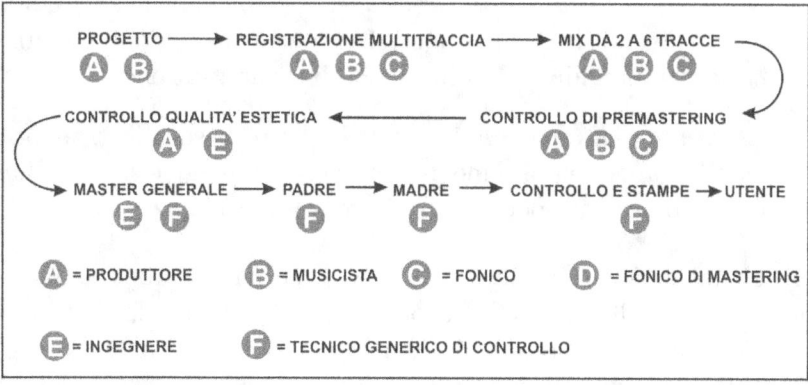

Figura 4.1: Chi ascolta nel processo discografico

Il processo di masterizzazione è quindi l'anello finale della catena discografica. Questa finalizzazione prevede il controllo e la modifica di alcuni parametri che potrebbero cambiare identità al missato. Questo intervento è però necessario, è l'impaginazione di un libro, il suo confezionamento e le sue caratteristiche variano da stablimento in stablimento tanto da portare il produttore musicale e il tecnico del suono a scegliere in base alle sonorità tipiche che sono in grado di far personalizzare. Un buon ascoltatore dovrebbe saper riconoscere gli interventi della masterizzazione, che potrebbero riassumersi in:

- *Noise reduction:* Applica algoritmi di riduzione del rumore.

- *Limiting:* Limitazione dell'ampiezza del segnale in modo che non superi mai una certa soglia.

- *Gating:* Utilizzo di un gate sul segnale per eliminare eventuali rumori di fondo presenti durante i silenzi.

- *Compressione differenziata per bande di frequenza:* Ogni banda di frequenza dell'intero mix viene compressa con parametri diversi in modo da rispettare i transienti di ogni banda.

- *Normalizzazione del livello:* Adattamento del livello originario in modo che il segnale occupi tutta la dinamica disponibile sul supporto scelto per la registrazione del master.

- *Equalizzazione parametrica:* Regolazione finale della curva di equalizzazione.

- *Conversione di formato:* Eventuale ricampionamento ad una frequenza diversa da quella originaria o anche conversione del numero di bit che individuano gli intervalli di quantizzazione.

- *Intervento sull'immagine stereo:* Utilizzo di sofisticati algoritmi per allargare o semplicemente arricchire l'immagine stereo del mix, oppure processare per mezzo di exciters e armonizzatori vari.

In alcuni casi invece, non è prevista una vera e propria masterizzazione di controllo, e tra la lavorazione del suono e la fruizione, il passaggio è piuttosto breve. Al tecnico, quindi, vanno lasciate responsabilità rilevanti, ma anche una maggior possibilità di espressione. E' il caso della musica dal vivo, o della diffusione amplificata in genere, in cui il fonico è investito di una responsabilità a riscontro immediato da parte dell'auditorio.

Figura 4.2: "Il mixer è la scrittura del suono pensato" (Paolo Ketoff)

4.3 L'ascolto dal vivo

Il tecnico del suono che si occupa della diffusione musicale dal vivo, ha un primo impatto, spesso molto duro per il proseguimento del suo lavoro, rappresentato dalla complicazione architettonica, fatta di riflessioni che spesso arrivano ad essere echi veri e propri, e da battimenti provocati dalle riflessioni sugli edifici. Anche il problema della corretta fase spesso non è risolvibile. Infatti, nonostante gli sforzi fatti dalle grandi case costruttrici e dagli studi di settore, pur migliorando i risultati, non hanno estinto il problema, anche e soprattutto perché il risultato cambia di posizione in posizione. Questo vuol dire che solo la parte centrale, dove è posizionato il fonico in regia, otterrà dei discreti risultati. Non è un buon inizio per un tecnico che ha la responsabilità di un'intera assemblea in ascolto. Il tutto va consumato in un unico passaggio con un solo "sound check" a disposizione. Ma come deve predisporsi un fonico live nella sua organizzazione del lavoro?

1. Perfetta conoscenza del cablaggio di tutta la catena tecnica.

2. Allineamento tra le strumentazioni.

3. Gestione delle eventuali riserve di transazione di segnale.

4. Controllo specifico dei canali d'ingresso.

L'organizzazione dell'assemblaggio della strumentazione, permette di acquisire la prontezza operativa indispensabile a questo tipo di lavorazione. La vera utilità del sound check è quella di rendere abili e autentici i segnali in ingresso, in modo che la creazione del missaggio non debba mai essere vincolata alla correzione preventiva bensì rivolta al solo scopo di integrazione. La grande qualità di un tecnico del live è basata sulla sua organizzazione e soprattutto sulla scelta di usare strumentazioni aggiunte solo qualora la necessità lo richieda. A questa caratteristica, tipica di chi ha mentalmente una predisposizione all'ordine, va aggiunta la perspicacia, intesa come la capacità di intervenire a compensazione di un effetto che si presenta senza avvisaglie.

Un sound check dovrebbe essere limitato alla giusta accettazione dei segnali, e alla correzione delle sporgenze che il segnale presenta rispetto all'originale, e semmai per verificare che la scelta microfonica sia adeguata. Inoltre la taratura dei processori di dinamica dovrebbe essere effettuata sapendo che sarà soggetta a variazioni per il fatto che, nella complessità dei suoni, le singole sonorità avranno un altro aspetto tanto da doverli in alcuni casi addirittura stravolgere. Alla corretta procedura

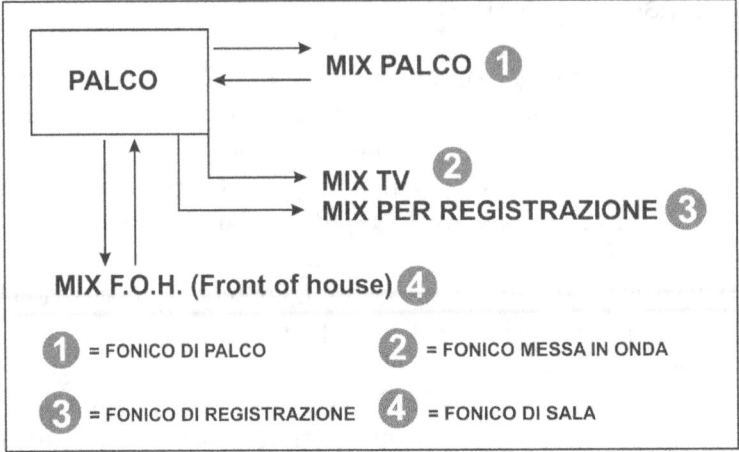

Figura 4.3: Chi ascolta nell'amplificazione dal vivo

tecnica il fonico dovrà abbinare una particolare sensibilità alla qualità dell'ascolto. Una situazione live è composta di parti molto vivaci, o di parti quasi recitate, e quindi con passaggi da sonorità forti e aggressive a sonorità deboli e dettagliate, e ne determina l'essenza della qualità sonora. Un tecnico del suono sa mantenere una continuità nell'ascolto, come se fosse un mastering, sa cambiare tutti i parametri di un missaggio, finanche i riverberi, in funzione dell'intensità e dell'atmosfera del brano. La sua prontezza operativa sarà il suo più grande aiuto per ottenere il coinvolgimento del pubblico. Esistono molti tecnici che usano le prove del suono per rendere il tutto lavorabile, poi nel tempo di un primo brano del concerto, sanno creare dei gran bei lavori di ascolto. Cosa contraria, sound check lunghissimi e lavorati per singoli strumenti, che oltre a scatenare l'ira dei passeggiatori di parchi o piazze, producono spesso un missaggio pieno di incongruenze soggette all'evidente e continuo intervento tecnico che presenta il suono completamente privo di amalgama e continuità.

Un buon ascoltatore, sa riconoscere in una diffusione dal vivo:

- La continuità del suono.

- L'opportunità degli ambienti.

- L'intellegibilità.

- La giusta dose dei volumi.

- Gli effetti per l'avanzamento e la localizzazione della band.

Una particolare offesa che il tecnico del suono può ricevere sul campo, è quella di essere lodato per aver reso il suono come un disco. Il suono live non è un disco, e non dovrebbe avere ambizione di esserlo. Andrebbero invece ricercati i dettagli che avvicinano l'ascoltatore alla prestazione del musicista, sbagli compresi. Andrebbe accantonato il concetto di "confezione" inteso come la meticolosità del nascondere. Il suono live deve far emergere il respiro di una esecuzione, fatto di attacchi, spazialità visuale, intimità delle voci e soprattutto possibilità di seguire una delle linee strumentali, l'ensemble. Oltre a queste caratteristiche che sono comunque richieste al tecnico del suono, vanno aggiunte le minacce che provengono dal palco, le dinamiche e le regolazioni fatte dai singoli strumentisti e gli eccessivi volumi di ritorno che si usano, che sommandosi alla ripresa microfonica dello strumento, inquinano il suono originale gonfiandolo di nuove frequenze e creano diafonia captando gli strumenti locati in altre parti del palco. Questo vale a dire che il fonico dovrà effettuare un preciso lavoro di pulitura che lo impegnerà nell'ascolto in cuffia di ogni singola linea mentre tutta la band sta suonando. Per concludere, il tecnico live, deve avere l'ordine e la freddezza di agire con velocità e, perché no, magari prevedere l'evoluzione delle caratteristiche musicali.

Figura 4.4: "Per quanto bene possiamo suonare, è il fonico che ci rende ascoltabili" (F. De Andrè)

4.4 L'ascolto radiotelevisivo

Molto spesso nelle sale di missaggio si sente dire che l'audio sarà finalizzato per la TV. Il televisore medio ha una risposta in frequenza che in basso arriva a circa 150 Hz ovvero che non copre neppure le frequenze fondamentali del parlato di alcune voci maschili, non permette di udire correttamente ambienti quali traffico realistico, effetti quali il motore di un'automobile, tuoni, e fa perdere l'impatto emozionale di quasi tutte le forme di musica. Togliendo una buona parte di frequenze basse automaticamente tutto si uniforma, proprio perché sparisce una parte di frequenze sulle quali i suoni potrebbero utilmente differenziarsi; ad esempio le voci maschili di conseguenza tendono ad assomigliarsi e inoltre a perdere espressività e calore. Bisogna dire che la limitazione nell'estensione in frequenza soprattutto verso le basse frequenze è dovuta non tanto alla trasmissione, quanto all'economicissima sezione di amplificazione/diffusione di molti televisori, cosa di cui ci si può rendere ben conto collegando invece l'uscita audio ad un impianto hi-fi. Il televisore viene ascoltato ad un volume più basso di quello realistico e naturale, perché si potrebbero disturbare i familiari, i vicini o addirittura i propri pensieri se il televisore è acceso solo per tener compagnia, come mero sottofondo per altre attività; molti apparecchi poi non sono proprio in grado di reggere dinamiche degne di questo nome e cominciano a spernacchiare appena i suoni da timidi si fanno meno pavidi. Quindi una parte del segnale risulta sotto la soglia di udibilità ed è ancor peggio se l'ambiente casalingo è rumoroso (lo è quasi sempre, per il traffico esterno o per altri motivi) dato che il mascheramento si 'mangia' una buona parte di dinamica: si perdono ad esempio le code dei riverberi, e quindi la percezione dello spazio in cui si svolge l'azione. L'intelligibilità del parlato in genere rimane anche ascoltando 15 dB sotto il volume ottimale. Rimane insomma l'essenza minima del suono, il nocciolo, l'indispensabile per distinguere un telegiornale da una pièce teatrale, e se ne va però il resto.

La trasmissione del segnale per via aerea, è soggetta all'azione di compressori/limitatori della dinamica (l'entità di questo fatto sfugge di mano addirittura ai tecnici delle stazioni tv più importanti, che non sanno più quanti e quali compressori agiscono sulla catena), che tuttavia nel caso ci si attenga alle norme di livello d'ascolto televisivo indicate da Dolby (ossia 79 dB SPL (pesati C) su ogni canale alimentando con un rumore rosa 20 Hz-20 KHz di livello RMS pari a quello di una sinusoide a 1000 Hz a -18 dB di picco), ad un livello di riferimento di -18 dB FS con tono a 1000 Hz, e non piu' di 9 dB di picco (misuratore quasi peak) oltre il livello di riferimento, in genere non riduce in modo significativo la già

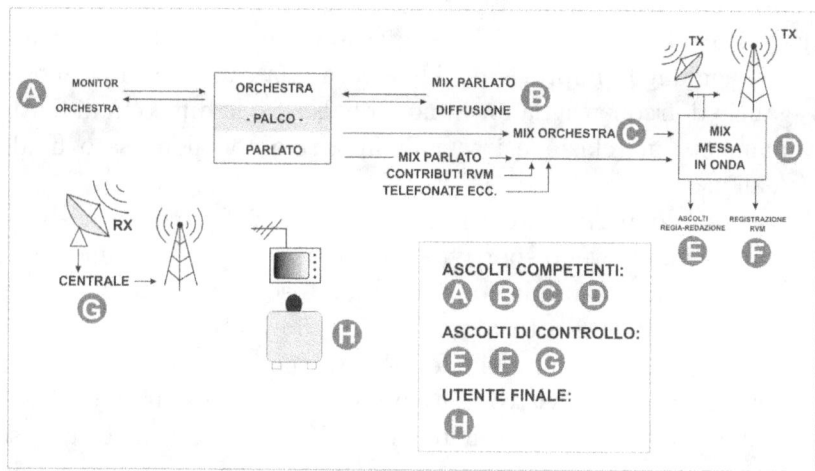

Figura 4.5: Chi ascolta nell'audio radio-televisivo

scarsa dinamica pensata e ottenuta in sala di missaggio. Un'osservazione valga per tutte, con questo limitato livello d'ascolto la voce normale di un solo attore rischia seriamente il clipping se non si usano compressori, e lo standard cinema non è poi così migliore garantendo un headroom di soli 6 dB in più. Cosa deve fare il fonico di missaggio di fronte a questa prospettiva? Aumentare il livello dei suoni particolarmente significativi ai fini della narrazione, a discapito della raffinatezza dinamica e del realismo del suo mix, ossia attuare modifiche per migliorare l'ascolto di chi in realtà è poco interessato al suono, e peggiorare, di conseguenza, l'ascolto di chi ha un buon impianto di diffusione, e pone attenzione a tale ascolto. Il maggior mezzo di diffusione delle produzioni sonore è rappresentato dai sistemi radiotrasmessi come la TV e la radio. Per quanto il prodotto discografico sia egregiamente confezionato e accurato anche nei dettagli, bisogna fare i conti con quello che la trasmissione può generare senza possibilità di ricovero.

- La compressione
- La larghezza di banda
- La monocompatibilità

Questi problemi occorrono anche per la riproduzione dei dischi in casa laddove l'impianto di riproduzione sia scadente o fortemente colorato. Il lavoro del fonico di messa in onda è caratterizzato dalla velocità d'azione in relazione alla microfonia, sempre più complessa, e al grande numero di contributi audiovisivi che si avvicendano nella scaletta. A questo si aggiunge l'imprevisto. Altra cosa è la capacità di riconoscere uno sgancio di frequenza da un rumore qualsiasi e la difficoltà di mettere continuamente in relazione i segnali in arrivo con il missato finale e pronto all'uso.

Uno sguardo particolare va rivolto ai nuovi format televisivi che riguardano i grandi eventi sportivi e i cosidetti "reality". Il numeroso uso dei microfoni che tali produzioni richiedono, sono finalizzate a due fini ben diversi se non addirittura opposti. Negli eventi sportivi è richiesta una forte componente di ambiente, per esserne immersi. Questa nuova forma di linguaggio televisivo non ha conosciuto la naturale evoluzione che avrebbe dovuto far fare ai tecnici delle scelte ragionate e basate su esperienze precedenti, in quanto inesistenti. Questa invenzione delle "pay-tv" (televisioni a pagamento), che solitamente trasmettono in digitale con la possibilità del surround, hanno provocato una tale disposizione di microfoni intorno alle aree di gara, a dir poco indiscriminate, prive di senso e contrarie alla concezione di immagine uditiva. Si arriva a posizionare fino a 15 - 20 microfoni intorno ad un campo di calcio livellati da un solo operatore in relazione alla posizione di gioco. Inutile inoltrare critiche sulle diverse teorie di chi si appella ad "esperto", è meglio essere costruttivi su quel che ci riguarda, ossia l'ascolto. In effetti la risultanza di queste trasmissioni è solitamente una fiera di sfasamenti, saturazioni, colpi di pallone senza nessuna corrispondenza visiva e passaggi di auto saturi e stereofonicamente innaturali. Tutto questo per via di una mancata capacità di risolvere il concetto di spazio con la sola dote dell'essenzialità e non con la divisione topografica di un'area di gioco che deve essere necessariamente coperta. Altro fenomeno sono i "reality", in cui il fonico insegue i personaggi "spiati" che dovrebbero aver perso la consapevolezza di essere catturati da un microfono. Il realismo del caso ha fatto si che tutti i rumori, le cadute dei microfoni, la mancata percezione degli ambienti, abbiano legittimato gli autori di tali programmi a diffondere imperfezioni senza nessuna giustificazione di stile abituando il pubblico a pessimi confezionamenti dell'audio finale. Anche nel caso dei microfoni "spia", dove i soggetti non sanno di essere ripresi (come le candid camera), sono state licenziate delle riprese spesso inintelligibili sostituendo con i sottotitoli le linee di dialogo. Tutte queste forme di spettacolo, che vedono protagonista la realtà quotidiana, condizionano negativamente l'ascoltatore nel credere che di questa realtà faccia anche parte un suono imperfetto. Naturalmente è una tesi eretica secondo i principi di questo testo.

4.5 L'ascolto cinematografico di ripresa

La figura del fonico di presa diretta è generalmente fraintesa e non sempre identificata. Infatti è abitualmente abbinato alla registrazione delle voci del film, o addirittura identificato come garante del silenzio. In effetti le difficoltà e la concentrazione richiesta per ottenere la continuità, l'interpretazione del soggetto e la contestualità degli ambienti sonori in cui si è immersi, è cosa non facile, soprattutto considerando che un set cinematografico non viene allestito appositamente per il sonoro, in alcuni casi poi risulta essere addirittura avverso e inadeguato al risultato che un buon fonico si è proposto avvicinare. Contribuiscono a questa finalità il lavoro del microfonista, gli equipaggiamenti, e il lavoro di preparazione nella quale non sempre i fonici sono coinvolti; pur tuttavia la sensibilità di alcuni registi e di alcune produzioni stimolati dall'opera dei fonici stessi, dalle influenze straniere, e non ultime le ipotesi di risparmio sulla postproduzione, hanno fatto sì che la presa diretta sia divenuta un'importante strumento linguistico e connotativo del film, e non solo una considerabile proposta per ridurre con efficacia i costi di doppiaggio. Questa doverosa premessa vuol mettere in evidenza che la figura del fonico è da intendersi come una delle strutture portanti del film, che, lungi dall'essere creativa, è, perlomeno, nella sua tecnica specializzata, di richiesta sensibilità e che potrebbe condizionare il risultato dell'opera. Naturalmente la figura con cui il fonico collabora strettamente è quella del microfonista, la sorgente, la primigenia natura del film sonoro. Il suo ruolo, spesso sottovalutato, è di primaria importanza, è lui che assicura tutti i requisiti necessari per ottenere una colonna lavorabile, e lo fa con il silenzio, il controllo dei rumori, delle voci, dei fuochi, dei reparti potenziali "disturbatori" della presa diretta, e lo fa attraverso i rapporti, la sensibilità, l'orecchio, la tecnica e l'opportunità dell'essere presente. Anche il montatore del suono è una figura di rilievo. Ha il potere di valorizzare come di distruggere il lavoro della presa diretta: spesso per tempi e costi si arriva a fare solamente il 20% del possibile. E' bene conoscere, quando possibile, il montatore prima di iniziare un film: ci si accorda su standard, modalità e prassi da seguire per il buon esito del lavoro in se stesso e soprattutto per tentare di rivalutare reciprocamente le figure professionali di entrambe gli operatori. Un'altra importante figura è il fonico di missaggio: è il finalizzatore del lavoro, montaggio compreso. Per lui la sensibilità è tutto, lavorano a stretto contatto con il regista e il montatore del suono. Per un fonico di presa diretta è difficile arrivare al missaggio, non è infatti ancora intesa la sua presenza come necessaria in questa fase. Spesso tutti gli anelli di questa lunga catena non si conoscono neppure ma è una distanza che si sta cercando di ridurre, con l'auspicio che anche in Italia possa nascere una nuova figura come il Sound Designer inteso come responsabile di tutta la catena del suono. Esiste uno standard di ripresa che per anni è stato vincolato ad un registratore a due tracce, 4 radiomicrofoni, un mixer, radiocuffie e microfoni da interni e da esterni. L'unica esclusiva era quella di associare diverse tipologie e marche di macchine giocando sulla compatibilità e il gusto del fonico, ma tendenzialmente il risultato era contenuto in ristretti limiti.

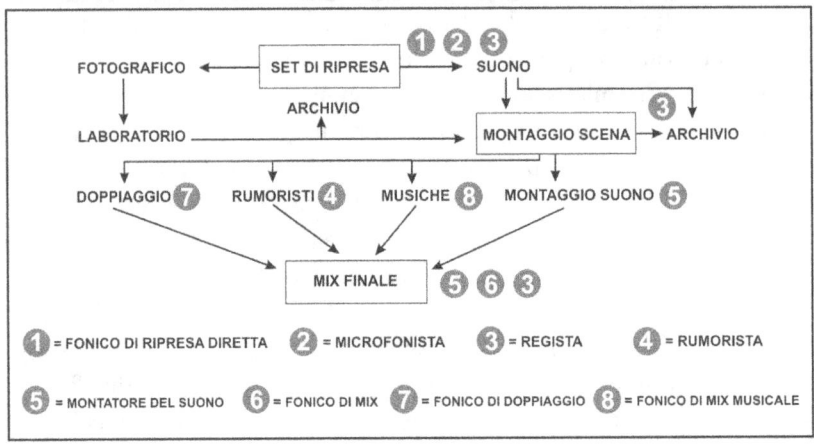

Figura 4.6: Chi ascolta nella catena cinematografica

Oggi qualcosa sta cambiando, riconoscendo dapprima la competenza che i tecnici del suono hanno maturato con l'avvento della presa diretta come abitudine (dagli anni novanta) e con l'elevazione del livello culturale individuale, e poi il progresso tecnologico che ha inevitabilmente trascinato il settore verso l'informatica e la tecnologia digitale. Non ultima, l'aspettativa della fruizione, notevolmente evoluta grazie alla qualità delle sale e delle diffusioni casalinghe. Il fonico di presa diretta può e deve rivolgersi alla strumentazione adeguata, da scegliere in base al tipo di soggetto, location e agilità. Nonostante l'evoluzione tecnologica dei registratori digitali, in sostanza c'è ancora molto da fare soprattutto sulla microfonia, sulla radiofrequenza e sui criteri di stereofonia e direzionalità. La maggior qualità del fonico di presa diretta è quella di risolvere i problemi inaspettati, insoliti, spesso unici, e farlo in breve tempo. Bisogna inoltre dire che laddove nulla si può più fare è corretto informare la regia del mancato ottenimento del risultato sperato. Il fonico ascolta la presenza dei rumori, che siano contestuali alla ripresa, che siano rispettati sul taglio delle inquadrature e che la dinamica utile sia sufficientemente estesa per consentire l'intellegibilità del dialogo. Poi il carattere, la disciplina e il riconoscimento dei propri limiti fa il resto, perlomeno per fare in modo di superarli in un prossimo futuro. Il problema più ricorrente è quello della ripresa con due camere che impedisce la posizione del microfono sul campo di ripresa, divenendo incompatibile con le inquadrature più strette. Questo obbliga all'uso dei radiomicrofoni, rinunciando a campi e piani visivi in corrispondenza al sonoro, almeno in sede di ripresa, insieme ai problemi di rumorosità e qualità del suono. Soprattutto nella fiction tv la ripresa con più camere è divenuta prassi. Inoltre nell'audio televisivo è poco tollerata l'immersione delle voci negli ambienti, quindi la presenza e la prossimità devono essere assicurate per non creare nessun problema di comprensione.

L'importanza del sonoro nel film la richiede il regista; noi possiamo interpretarla e consegnarla, ma se in fase di idea e scrittura questo ambito è totalmente assente, nulla si potrà fare. Proprio per questo è bene ricordare che il rapporto tra suono e immagine è la parte sublimale di un opera cinematografica, perché eleva con rapidità gli stati emotivi dello spettatore. Dovrebbero nascere l'uno per l'altro, cosa che, causa la decadenza degli autori, non è spesso riconosciuta. Bisogna adoperarsi per ottenere il massimo e per stimolare questa sensibilità. Per il resto esistono trattati e saggi che sanno ben estendere l'argomento e la funzione linguistica del film in relazione al sonoro. Le scelte per la ripresa sono condizionate da due fondamentali fattori: il regista e la sceneggiatura. In quest'ultima si determinano le locazioni e le atmosfere.

Non possiamo non citare il recente bivio aperto dai registratori multitraccia, che mette in discussione la figura del fonico che si vedrebbe parzialmente privato della propria creatività e del proprio gusto: il multitraccia tende a rendere un fonico di presa diretta come un tecnico di registrazione, incrementa l'uso dei radiomicrofoni anche in forma cautelativa, dà più importanza ai montatori del suono e ai fonici di mix, ed ha il pregio di salvare molte scene, e permette di formulare alternative a posteriori. L'audio cinematografico non è fatto di sole voci, ma anche di effetti e musiche. Mentre per gli effetti il fonico contribuisce in parte con la ripresa diretta, non partecipa invece nella scelta della musica né tantomeno nella scrittura dei dialoghi. Purtuttavia, molti, si occupano della corretta dizione, e dell'intellegibilità del testo recitato, coaudiuvando la segretaria di edizione e spesso il dialoghista quando esiste. Resta sottinteso che è un aiuto, non un compito, non è infatti compensato che il fonico interferisca sulla qualità e l'opportunità delle cose dette in fase di ripresa. Il fonico però deve seguire il dialogo in modo che la scena possa essere completa in fase di montaggio, e dovrebbe limitarsi ad avvertire il regista in forma riservata di eventuali anomalie e addirittura di errori grammaticali. I film molto dialogati sono tipici della fiction televisiva; nel cinema invece il peso delle parole è meglio distribuita tra ambienti che respirano, che inquietano o che narrano le azioni del racconto.

Figura 4.7: "Le immagini staccano, il suono le unisce" (Rondolino)

4.6 La perdita dell'udito

La perdita dell'udito va divisa in perdita a *corto termine* o a *lungo termine*. La prima si ottiene con l'esposizione breve a sollecitazioni acustiche violente, dovute a macchinari, traffico o anche alla permanenza in una discoteca. Con questa stimolazione la soglia di ascolto si eleva temporaneamente contenendo i suoni violenti e rendendosi meno sensibile alle basse stimolazioni. L'effetto è limitato a periodi di tempo compresi tra poche ore fino ad alcuni giorni dipendentemente dalla violenza e dal tempo di esposizione. Alcuni esperimenti hanno dimostrato che in alcuni casi l'innalzamento della soglia è rimasto invariato o in altri si è verificata una perdita permanente dell'udito. Un tecnico del suono ha il dovere di proteggersi da tali esposizioni anche nel caso di brevi periodi dovuti allo stesso ascolto del prodotto che si sta producendo ad alti volumi poiché danneggerà l'ascolto stesso per le successive ore alterandone il prodotto.

L'effetto che normalmente si verifica è la forte attenuazione delle alte frequenze, ne consegue quindi uno spropositato rinforzo delle stesse rendendo il tutto alquanto stridulo e probabilmente distorto e disarmonico. Questo appunto vale per il fonico come un obbligo a sospendere il missaggio fin quando non recupera la piena e perfetta forma di ascolto, altrimenti il prodotto sarà eccessivamente brillante. E' bene in ogni caso conoscere la propria curva d'ascolto almeno una volta ogni cinque anni. L'ascolto prolungato a forti intensità causa una perdita dell'udito in forma permanente, oppure può causare il cosiddetto *tinnitus*, un fastidioso e continuo fischio, che coinvolge più di 30 milioni di persone nei soli Stati Uniti, e ancor più preoccupante, il 3% dei giovanissimi italiani.

4.7 I "colpi" ossia la prontezza operativa

Tale terminologia, direttamente importata dalla cultura anglosassone (developing chops), rappresenta la manualità e la prontezza operativa acquisita con una sicurezza psicologica competitiva, ed è quella capacità di manovrare cursori, manopole e quant'altro per finalizzare a pieno lo sviluppo del prodotto, come dire avere possesso delle macchine a servizio di quel che si vuole ottenere. L'insicurezza è la stessa che si avvertirà sull'efficacia del prodotto. Anche in fase di ascolto esiste una prontezza, quella di determinare con velocità le cause di un effetto. Non che la velocità sia una virtù in se stessa, ma è la dimostrazione di una familiarità acquisita per una disciplina che ha a che fare con il fenomeno suono, mai fermo, in rapida e continua evoluzione.

4.8 L'uso della cuffia

Lavorare come tecnico del suono prevede spesso l'uso della cuffia dipendentemente dalle applicazioni specifiche. La cuffia è uno strumento che consente all'audioproduttore di analizzare alcuni aspetti con una criticità maggiore e soprattutto selezionata.

- Consente l'isolamento dall'esterno.

- Permette l'ascolto di una singola sorgente isolandola dalle altre.

- Evidenzia le caratteristiche timbriche, dinamiche e acustiche di una sorgente.

- Fornisce la reale dosatura di ambienti artificiali aggiunti e la loro qualità.

- Consente, in caso di registrazione, di non interessare l'ambiente di ripresa.

- Permette criticamente di leggere dei suoni e dei rumori estranei a basso livello.

- Mette in evidenza le diafonie.

Queste possibilità fanno sì che la cuffia sia uno strumento indispensabile per operare, proprio per la sua esclusiva funzione di monitoraggio. L'uso che se ne fa è strettamente relativo, oltre al già citato tipo di lavoro, anche ai volumi d'esposizione in cui si opera. Da questa prima considerazione se ne deduce che le cuffie ad uso professionale debbano essere di tipo chiuso (cioè che hanno un alto coefficiente di isolamento dall'esterno). Ragionando sulle possibilità che essa offre ad un operatore per costruire il suo suono, riscontriamo una particolarità di fondo che ne abilita l'uso per suoni singoli piuttosto che per suoni missati o definitivi. Ha la funzione più vicina ad un microscopio che ad un megaschermo nonostante il largo uso che se ne fa nel consumer per ascoltare musica (vedi i-pod, walkman ecc). A giudicare da questo, un prodotto musicale dovrebbe nascere anche per essere ascoltato in cuffia. In effetti l'uso degli ambienti artificiali tende a spazializzare il suono molto spesso su un concetto di separazione sinistro-destro piuttosto che di decadimento architettonico, facilitando l'ascoltatore ad un coinvolgimento poco naturale ma di grande effetto.

Per un tecnico del suono è cosa ben diversa. Gli effetti negativi che si evidenzieranno con l'uso prolungato della cuffia, possono essere riassunti in tre grandi problematiche:

Perdita dell'udito: L'uso prolungato della cuffia predispone il tecnico del suono alla sordità, soprattutto se ne fa un uso a regimi di livello elevati. Questo bombardamento di suoni direttamente nel condotto uditivo, spesso non consente un controllo immediato quando un'attore urla, un batterista improvvisamente suona, o un canale di un mixer inaspettatamente viene aperto. A questo tipo di pericoli va aggiunta la tendenza ad alzare il livello pensando di evidenziare dei difetti di sottofondo. Tutto questo, per quanto possa ritenersi necessario ed inevitabile per un tecnico, assicura al fonico un futuro meno felice in quanto ne limiterà con certezza le sue abilità auditive.

Perdita della localizzazione del suono: Il suono generato nella realtà subisce riflessioni. Anche un suono generato da altoparlanti subirà le riflessioni dell'ambiente. Il nostro orecchio interpreterà le provenienze soprattutto attraverso l'uso del padiglione. Quest'ultimo, con l'uso della cuffia viene definitivamente neutralizzato, annullando cosi quel processo-effetto che il nostro sistema è abituato a fare coinvolgendo orecchio esterno e cervello. Il cervello si trova solo a capire da dove provengono i suoni, e, l'uso prolungato delle cuffie lo sottopone a dure prove di codificazione. Tutto questo, oltre a creare degli sfinimenti neurologici che si manifesteranno sottoforma di stanchezza ed emicranie, rende il tecnico distratto nella vita comune cercando con meno riflessività la provenienza delle sorgenti. Questa violenza che si fa al sistema di codifica del sistema nervoso centrale tende anche a far perdere la capacità di selezione (mascheramento volontario) proprio perché le cuffie, non rappresentando un ambiente, immettono nel nostro orecchio suoni che, per essere selezionati, pretendono il solo uso del cervello, contrariamente alla vita reale in cui sarebbe coaudiuvato dalla posizione, dalla vista e dalle caratteristiche ambientali delle sorgenti.

Perdita dei riferimenti del suono complessivo: Si è parlato, nel paragrafo del missaggio, di come i suoni perdano le loro carattteristiche naturali per poter partecipare al missaggio in favore di un suono complessivo. L'uso della cuffia evidenzia le caratteristiche singole degli strumenti o delle sorgenti in genere, generando dei conflitti di scelta per un operatore combattuto tra il non modificare le caratteristiche originali di un suono e la sua funzionalità in ambito generale. A questo non si ovvia più con il concetto di economia, piuttosto lavorando su un concetto generale di suono che di certo la cuffia non aiuta a fare.

La cuffia è quindi un'arma che va saputa usare, la sua scelta è spesso uno standard riconosciuto tra chiusura, comodità, linearità e dinamica, ma per il resto, vista l'alta qualità delle cuffie in commercio, il fonico deve sceglierne una più neutra possibile e concentrarsi su un uso ragionato e non emotivo.

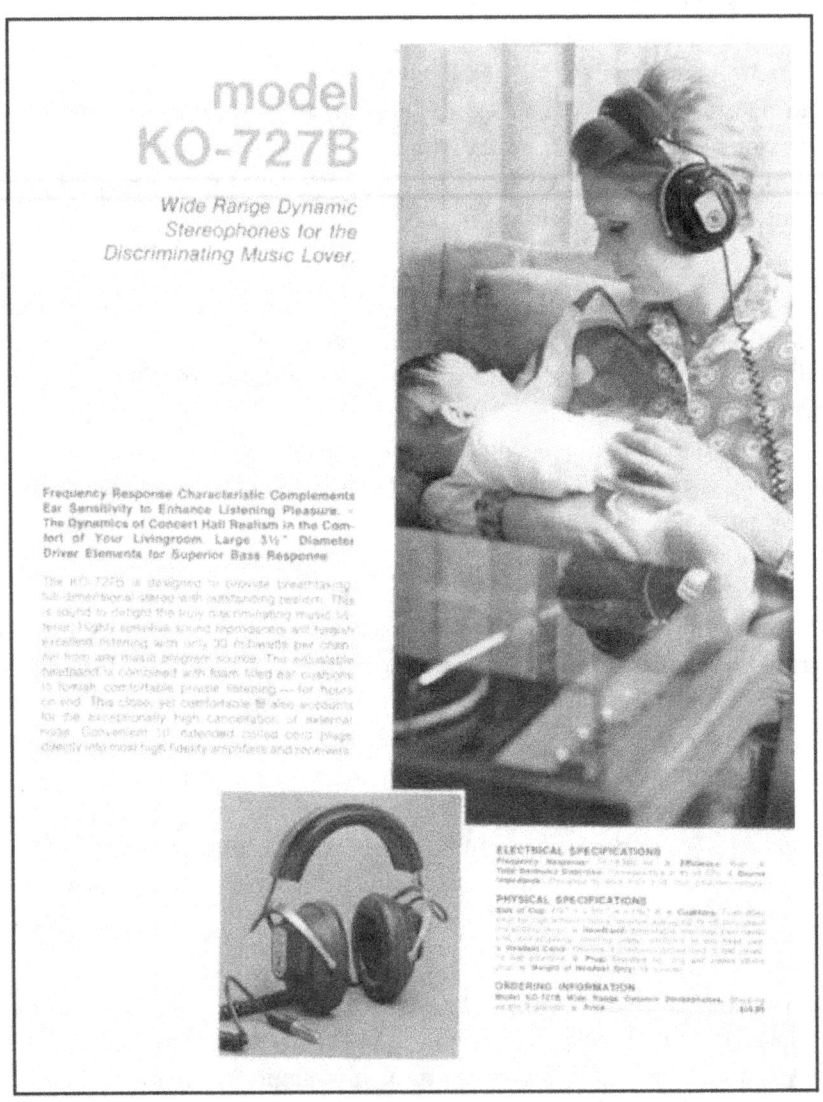

Figura 4.8: Pagina di un catalogo professionale del 1970

4.9 Target e Format

Prendiamo in esame un prodotto sonoro. Per quanto possa essere rilevante il lavoro dei creativi, è pur sempre un lavoro d'equipe. Questo rapporto sinergico che viene ad interscambiarsi tra i vari campi di applicazione, con il coordinamento della regia nel caso di un programma televisivo, o del produttore nella discografia, dà origine ad un connotato unico nel suo genere che caratterizza l'opera, detto "Format". E' la vera carta di identità di un prodotto, ne delinea i tempi, i ritmi, lo stile di ripresa e il linguaggio, e lo si ottiene attraverso la tecnica. Anche il suono quindi ha la sua parte che, sia in ripresa che in missaggio, deve risultare singolare e adeguata a questa finalità. Nella musica, sia il concetto di incorniciatura che lo stile del missaggio danno il vero aspetto dell'opera. Da esso possiamo spesso capire la provenienza della registrazione, lo stile musicale, e quello dell'autore e degli esecutori. Ed è proprio nella musica che il fonico ha una grandissima rilevanza sul format, e lo fa attraverso il missaggio. Il *target* invece è il movente del format, ossia il dove si vuole arrivare, chi coinvolgere, chi si vuole ne usufruisca. Questo è compito del produttore e degli autori, pur tuttavia è con la tecnica che si ottiene questo risultato, fortemente dipendente dalla cultura, lo stile di vita e le aspettative del fruitore. Specificatamente al lavoro del tecnico del suono, il format e il target si identificano attraverso la creazione della dimensione e della distanza. La dimensione è la maestosità dell'opera, la pienezza dei suoni contenuti, l'apertura, la vera e propria ambientazione del suono. La distanza invece, è data dalla prossimità che si vuole creare, dal grado di intimità che le voci presentano all'ascoltatore. L'uso dei riverberi artificiali aiuta molto ad ottenere tale finalità, ma lo fa anche il rapporto di intensità con le altre sorgenti, oppure la dosatura del missaggio.

4.10 Etica professionale

L'etica è la scienza della moralità da cui deriva la norma per l'agire umano concreto. La distanza che per molti anni ha separato "l'umanista" dal "tecnico", sta lentamente riducendosi in favore del prodotto culturale, informativo, e d'intrattenimento (i tre doveri degli statuti radiotelevisivi nazionali ad esempio), riconoscendo l'importanza della cooperazione tra le specializzazioni. Nel rispetto dei ruoli, quindi, è possibile costruire anche con minimo equipaggiamento, un dignitoso prodotto soddisfacente alle aspettative del creatore.

Il professionista, nell'etica del lavoro, è considerato colui che oltre al rispetto del lavoro altrui, è in grado di prevenire l'errore, riducendo al minimo la percentuale di rischio; questo si ottiene per gran parte dall'esperienza, per il resto dal corretto apprendimento, dalla versatilità e dalla perspicacia. Costruire un prodotto audio riempie di responsabilità chi è in grado di riconoscerla, e per questo l'uso giudizioso delle tecniche è caratteristico del professionista. Un tecnico del suono dovrebbe riconoscere una sua assiologia (scienza che stima i valori) e troverà nella sua graduatoria, la puntualità, la serietà e la competenza intesa come la più reale delle abilitazioni al lavoro che nessuna scuola è in grado di confezionare.

4.11 Know how

Capaci di leggere e interpretare qualsiasi delle produzioni sonore, si potrebbe pensare che il lavoro del tecnico del suono sia completo e soddisfaciente. Purtroppo non è così. Anzi, spesso la manifestazione dell'eccesso di teorizzazioni ed intellettualizzazioni di una disciplina, rallentano la lavorazione e ancor più spesso disturbano gli interlocutori per cui si sta lavorando. Questa revisione delle proprie conoscenze, unita al più fornito bagaglio empirico, attua una forma comportamentale e operativa specifica del professionista, ed è detta "Know how" letteralmente il "sapere come (fare)". E' una ricca miscela difficilmente tramandabile, composta da conoscenza, eredità culturale, comportamento, valutazione, prevenzione, fermezza, malleabilità e tanti altri aggettivi specifici del singolo individuo. Il know how caratterizza il professionista, lo stima, gli dà una caratura che ne accresce anche la sua forza contrattuale, e soprattutto lo rende unico ed insostituibile. Questo è il vero punto di riferimento per un capace tecnico del suono: l'essere chiamato per nome, per le sue attitudini specifiche e singolari. Ma cosa è realmente il "know how"? E' dapprima necessario partire da quel che non si può dire, ossia il superamento dei limiti imposti dal saper operare in forma corretta ma stereotipata. Ma cosa è che si deve superare? Ci sono delle regole del "come si fa", che appartengono al bagaglio comune di una categoria professionale, di una capacità tecnica e di un ruolo specifico, ma tutto questo, se è vero che rende impeccabile e professionalmente retto un operatore, paradossalmente ne predispone anche dei limiti, limiti che con saggia ambizione devono poter essere superati. Il fatto è che per superare questo limite si deve avere il sentore che esiste un qualcosa di più, e questa perspicacia è già un "know how", in effetti molto spesso un'enfatizzazione del proprio fare è pioneristica, rischiosa e originale quando la si adotta. E' quindi pane per coraggiosi, ambiziosi e progressisti che però mai devono dimenticare la solidità che le basi didattiche e metodiche possono rappresentare. Ogni professionista di nome possiede un "Know how" in tutti i settori, ed anche un'azienda di successo ne possiede. E' molto difficile invece tramandarlo. Nell'Aula Magna di Magistero all'Università di Roma è riportata questa frase in latino : "Stolto è quel discepolo che non supera il suo maestro". E' un chiaro segno di immortalità al quale ogni professionista dovrebbe far riferimento, ed è compito ancor più arduo insegnarlo. I mezzi sono legati all'austerità, alla precisione ed alla voglia di consegnare tale bagaglio, ma il più di questi "segreti" si imparano osservando e non vedendo, ascoltando e non sentendo, e, soprattutto valutando quel che è opportuno proseguire e quel che invece è giusto modificare, eliminare o creare ex novo, generando una nuova professionalità. Il professionista dotato di know how è affidabile, preparato, unico e innovativo, e non possiede le chiavi del "come si fa" ma del "saper fare" che di volta in volta, richiede l'estro e l'occulta possibilità di una operatività originale. Un'ultima considerazione da fare, legata al valore del professionista, è il suo bagaglio culturale, fondamentale per esporsi, per essere opportuni, per parlare e per non parlare, per rendere imperative le proprie esigenze e per non essere considerati mai il braccio di chi è abilitato a pensare; altro valore della cultura è la consapevolezza del proprio peso, maggiore o minore in base ai rapporti specifici, e, soprattutto, l'umiltà, intesa come assenza di presunzione. Il tecnico del suono, nel nostro caso, non è un materializzatore di idee altrui, egli potrebbe tranquillamente prendere in consegna una lavorazione e portarla a buon fine senza che ne siano variate le velleità creative dell'autore. E' bene quindi prendere in esame il ruolo che si ricopre e, se non richiamati al coinvolgimento dell'opera, o si accerta la limitatezza del committente, oppure, per esclusione, la nostra. Da quel momento in cui si è consapevoli del valore del tecnico, si genera un naturale criterio di selezione che vede alcuni professionisti esclusivi di alcune produzioni e altri limitati a prodotti senza troppe pretese. E' inutile dire che questo fattore quantifica anche la caratura economica.

> **EURISTICA** = *Regola o linea di condotta che non assicura la soluzione del problema ma che si rileva normalmente efficace.*

Il Know-how rappresenta quindi l'insieme di caratteristiche quali:

- Competenza tecnica
- Rapidità di esecuzione
- Temperanza
- Proprietà e opportunità del linguaggio
- Calcolo dell'imprevisto
- Affidabilità e puntualità
- Cultura generale
- Autorevolezza
- Umiltà

Un professionista sa anche riconoscere la differenza tra la regola e la prassi, in quanto ognuna delle due funzioni può benissimo sopravvivere indipendentemente dall'altra. Naturalmente la scienza umana le richiede entrambe e quindi un tecnico, applica la regola per la corretta e ragionata procedura, ma adotta una prassi come rapido e consolidato esercizio delle funzioni, e il professionista sa dosarle adeguatamente al tipo di lavoro.

"...ma l'uomo non vuole ascoltare e questo è il suo dramma"
(deut. 18,16-19)

Conclusione

A questo punto non rimane che addossarsi un bagaglio, composto di piccole basi che questo lavoro ha cercato di gettare per la consapevolezza di star per intraprendere una strada "bella ma difficile" per citare il Galilei. Ci sono moltissimi tecnici del suono sul mercato, ma di bravi ce ne sono ben pochi, capaci di riconoscere l'effettiva importanza della conservazione del suono. Stiamo scrivendo la nostra storia come l'umanità non ha mai potuto fare prima. Il suono d'ora in poi ha bisogno di un rispetto maggiore che ci abilita al godimento delle sensazioni che provoca, ma anche e soprattutto alla comprensione del messaggio che chiunque su questa terra può trasmettere. E' come dire che l'abilità all'ascolto potrebbe essere un passo verso la predisposizione alla tolleranza, alla democrazia e al rispetto del prossimo. Riconosciuti questi avanzamenti si potrebbe pensare addirittura di rileggere questo testo.

"Beati coloro che ascoltano" (Lc 11,28)

Memoriale

Principali studiosi dell'ascolto ai quali questo testo ha rivolto maggiore attenzione:

- **Abd al Qadir (1350-1435)** Teorico musicale arabo di Samarcanda che ha trattato la teoria della musica e lo studio delle sonorità spiegate nel "Raccoglitore di melodie", un vero precursore.

- **Averroè** è il nome del filosofo arabo Muhammad ibn Rushd del 1126, sviluppò una teoria del suono che influenzò l'intero occidente fino a quel momento aristotelico.

- **Batteau Wayne (1916-1967)** Ricercatore, studioso della percezione e attento all'importanza del padiglione.

- **Bekesy Georg von (1899-1972)** Premio Nobel per la medicina nel 1961, studioso dell'orecchio interno, famoso il libro "Experiment of Hearing".

- **Bell Alexander Graham (1847-1922)** Fisiologo statunitense dell'Università di Boston. Ha studiato per anni problemi di audiologia e la tecnologia telefonica sin dal 1867, entra in competizione con Meucci per l'invenzione del telefono. Ha dato il nome all'unità di misura del livello sia acustico che elettrico del suono. I laboratori che portano il suo nome sono tuttora all'avanguardia nella ricerca sul suono al mondo.

- **Broadbent Donald (1926)** Psicologo autore di "Perception e comunication" del '58, insegna ad Oxford.

- **Cohen Elisabeth** Ricercatrice dei laboratori Bell negli anni '70 studia la musica e la scienza.

- **D'Alembert, jean Le Rond (1717-1783)** Matematico francese, scienziato e filosofo, studioso di suono e analisi musicale.

- **Fletcher Harvey (1884-1981)** Fisico dei laboratori Bell, sperimentatore dei rapporti tra sensazione e stimolo acustico.

- **Gilbert Edgard (1923)** Matematico dei laboratori Bell studioso della matematica degli accordi.

- **Green David (1932)** Esperto di Udito autore dell'opera "An Introduction to Hearing".

- **Grey John (1947)** Insegnante della Stanford University, ha condotto importanti studi sul timbro e le loro relazione.

- **Harris Cyril (1917)** Famosissimo progettista di sale da concerto, Insegnante di ingegneria e architettura alla Columbia University. Opere note sono "Acoustical Designing in Architecture" e Handbook of noise control".

- **Helmontz, herman Ludwig Ferdinand (1821-1894)** Scienziato polivalente, ha trattato un saggio sull'ascolto, la psicoacustica e la natura del suono "Die lehre von den Tonempfindungen als phisiologische grundlage fur die theorie der musik".

- **Mayer Alfred (1836-1897)** Nel 1876 Mayer pubblico importanti studi sull'acustica e il mascheramento, affermando che i suoni acuti non possono mascherare i più gravi, come ad esempio gli ottoni con i violini.

- **Marsenne Marine (1588-1648)** Matematico, scienziato e teologo francese. Conosciuto per i suoi studi sulla velocità del suono, importante il suo lavoro "Harmonie universelle".

- **Moorer James (1945)** Ricercatore tecnico e matematico, ha studiato la riproduzione artificiale della riverberazione e di tutte le manipolazioni elettroniche del segnale sonoro.

- **Nepero John (1550-1617)** L'inventore dei logaritmi, scozzese, il suo numero 2,718281... è alla base delle progressioni fisiologiche che hanno determinato le misure del suono e della musica.

- **Sabine Wallace Clement (1868-1919)** E' il fondatore dell'acustica architettonica, insegnante ad Harvart e ha dato il nome al coefficiente di Sabine per la riverberazione. "Collected Papers on Acoustics" è di grande importanza tecnica e teorica.

- **Schouten Jan (1910-1980)** Ingegnere olandese, ha diretto studi sulla percezione del suono a Eindhoven presso i laboratori Philips. Ha scoperto il fenomeno dell'altezza residua.

- **Schroeder Manfred (1926)** Ricercatore acustico all'Università di Gottinga, la migliore del mondo. Ha avuto importanti risultati sull'acustica musicale e studia la sintesi della voce umana ai laboratori Bell.

- **Shepard Roger (1929)** Psicologo della Bell che ha curato importanti studi di acustica musicale.

- **Sperry Roger (1913)** Premio Nobel, psicologo e fisiologo studioso del cervello e quindi anche della nostra percezione acustica.

- **Steven S.S. (1903-1973)** Psicologo studioso che ha posto le basi per le convenzioni internazionali di livello e volume del suono ed anche le loro relazioni.

- **Sundberg Johann (1936)** Insegnante di acustica musicale, importante per gli studi musicali legati all'ascolto, e alle sale da concerto.
- **Tenney James (1934)** Compositore musicale che si è dedicato alle problematiche d'ascolto
- **Terhardt Ernst (1934)** Studioso di acustica e famoso per gli studi sulla percezione delle alte frequenze.
- **Tomatisse Alfred (1920)** Francese, medico, otorinolaringoiatra e docente universitario. Ha studiato per anni l'orecchio e il rapporto ascolto-linguaggio, attualmente è considerato il maggior esperto mondiale dell'ascolto umano.
- **Weber Ernst (1795-1878)** Anatomista, fisico e psicologo tedesco importantissimo per studiare l'anatomia umana dell'orecchio e dei rapporti sensazione stimolo. La legge di Weber-Fechner è la massima espressione della fisiologia umana S(sensazione) = Klog I C sono tutte costanti.
- **Wessel David (1942)** Psicologo particolarmente attento allo studio dei timbri
- **Xenakis Iannis (1922)** Collaboratore dell'architetto Le Courusier, compositore critico sulle esecuzioni, mettendo in evidenza aspetti importanti della percezione sonora e sull'efficacia della musica.

Capitolo 4. L'ascolto per un tecnico

Gli stadi della conoscenza:

- *Eruditismo*, è il sapere nozionistico, l'erudito conosce

- *Intellettualismo*, è la cultura in genere in cui il soggetto sa essere interdisciplinare, l'intellettuale applica la conoscenza.

- *Saggezza*, è lo stadio completo della conoscenza in cui il soggetto apporta evoluzioni al sapere, il saggio vive la conoscenza.

L'elenco, sicuramente incompleto, annovera degli uomini saggi che hanno saputo far evolvere la disciplina dell'ascolto nei secoli fino ad oggi, e che nell'anonimato hanno contribuito all'intera evoluzione umana.

Beranek, Righini, Lewcook, Aristosseno, Gaffurio, Glareano, Praetorius, Cerone, Listensius, Zarlino, Fux, Rameau, Mattheson, Reimann, Shenker, Yeston, Schatcher, Narmour, Forte, Hoffmann, Koch, Rosen, Ruwett, Nattiez, Porena, De Natale, Camillo Artom, Corti, Marsenne, Galileo, Huygens, Buklein, Schroeder, Galois, Von Bakesy, Rhode, Weiner, Ross, Reissner, Morse, Bolt, Sepmeyer, Van Nieuwland, Hertz, Ohm, Fourier, Mathes, Miller, Moore, Glasberg, Robinson, Dadson, Munson, Zwicker, Steven, Gardnere, Shaw, Batteau, Hebrank, Wright, Rodger, Heyser, Henry, Hass, Wallach, Cremer, Seraphin, led Beranek, Uzzle, Leight, Kuttruff, Gilford, Bonello, Bolt, Knudsen, Somerville, D'antonio, konnert, Flieder, Rettinger, Jones, Green, Sherry, Dijkgraaf, Vitruvio Pollione, Lucrezio, Owens, Corning Mankowsky, Callaway, Ramer, Davis, Muller, Weber, Fechner.

Bibliografia essenziale tecnica

Handbook for sound engineers: H.W.Sams - Glen Ballou - 1991
La grammatica della musica: Ottò Karoly - Einaudi - 1998
L'ascolto umano: Alfred Tomatis - Red edizioni - 2001
L'orecchio Umano: Alfred Tomatis - Ibis - 1995
La notte uterina: Alfred Tomatis - Red - 1996
Digital audio technology: J. Maes M.Vercammen - Elsever Science LTD - 2003
Acustica: Moncada - Lo Giudice - Santoboni - Masson - 1997
Elettroacustica: Moncada - Lo Giudice - Santoboni - Masson - 1997
Advanced Audio Production techniques: Ty Ford - Focal Press - 1993
Pratical Studio Techiniques: Tom Misner - SAE - 1994
Waves and the ear: Bargeijk - Pierce - David Jr - Anchor book doubleday - 1960
The science of musical sound: J.R. Pierce - Scientific American books - 1983
Mastering Audio: Bob Katz - Focal press - 2003
Acustica: Alton Everest - Focal press - 2001
Imparare la tecnica del suono: Marco Sacco - Lambda Edizioni - 2005
Appunti di Audio per il cinema: Simone Corelli - Lambda Edizioni - 2004
Ascoltando Omero: M.Storoni Piazza - Carocci - 2001
Sound Engineer's pocket book: M.Talbot-Smith - Focal Press - 2002
L'orecchio e la voce: A. Tomatisse - Baldini e Castoldi - 2004
Human hearing and Brain: A. Mettew - Pinguin - 1967
Introduction to hearing: D.M.Green - Hillsdale - 1976
Introduction to the psycology of hearing: B.C.Moore - Acc. London - 1986
An introduction to the physiology of hearing: J.O.Pickles - Acc. London - 1986
Coding techniques for digital recorders: S.Immink - Prentice hall - 1995
Hearing: V.Beranek - AES press - 1971
Sound for Sound: G.G. Bizard - Ted engineering press - 1991

Tutti i testi umanistici e i dizionari di consultazione, storia dell'arte, storia della musica e filosofia, sono stati consultati nelle seguenti biblioteche.

- Biblioteca Nazionale Centrale di Roma
- Casa delle letterature dell'Orologio di Roma
- Biblioteca Casanatense
- Biblioteca dell' "Angelicum" di Roma
- Biblioteca Vallicelliana di Roma
- Biblioteca di Architettura di Roma
- Biblioteca di storia della musica del Burcardo di Roma
- Discoteca di Stato di Roma
- Biblioteca di Ingegneria di Roma S.Pietro in Vincoli
- King's College library of London, England
- National library of Hungary of Budapest

Un grazie particolare a chi ha aperto la propria biblioteca privata su richiesta dell'autore.

www.ingramcontent.com/pod-product-compliance
Lightning Source LLC
Chambersburg PA
CBHW081724170526
45167CB00009B/3686